张勇

著

不同性格的职场成就法则

我们为什么

这样思考

那样工作

ZHEJIANG UNIVERSITY PRESS
浙江大学出版社

图书在版编目（CIP）数据

我们为什么这样思考、那样工作 / 张勇著. —杭州：
浙江大学出版社，2022.5
ISBN 978-7-308-22430-7

Ⅰ.①我… Ⅱ.①张… Ⅲ.①思维方法—通俗读物②
工作方法—通俗读物 Ⅳ.①B80-49②B026-49

中国版本图书馆CIP数据核字（2022）第046277号

我们为什么这样思考、那样工作

张 勇 著

策　　划	杭州蓝狮子文化创意股份有限公司	
责任编辑	黄兆宁	
责任校对	陈　欣	
封面设计	仙　境	
出版发行	浙江大学出版社	
	（杭州天目山路148号　邮政编码：310007）	
	（网址：http://www.zjupress.com）	
排　　版	浙江时代出版服务有限公司	
印　　刷	杭州钱江彩色印务有限公司	
开　　本	880mm×1230mm　1/32	
印　　张	8.75	
字　　数	179千	
版 印 次	2022年5月第1版　2022年5月第1次印刷	
书　　号	ISBN 978-7-308-22430-7	
定　　价	59.00元	

收到张老师盛情邀约，让我写篇序言的时候，我还有些疑惑和忐忑。作为音乐人的我，并没有在公司求职工作的经历，而且我的音乐之路也不具有大多数职场人成长的普遍性。

但当我看过张老师发来的书稿后，我仿佛明白了其中的缘由：在书中我多少找到了一些自己成长过程中的影子。书里一个个生动的小故事让我想起了曾经在求学和实际创作中遇到的种种磕绊；书中专业的素质理论和心理学测试结果也竟然与我当初遵从内心而毅然走上音乐之路的选择不谋而合。

回想自己在高考前一年做出的报考音乐学院的决定。虽然父母和老师都知道我从小喜欢音乐，但是要真正选择参加竞争激烈、成功率并不高的艺术专业考试，还是颇令他们吃惊的：他们为我要在有限的复习时间内冲刺深感担忧。之所以选择报考专业音乐院校，并把音乐作为毕生事业，是因为就像张老师书里面写的那样，知识和能力只是你能否做一件事的基础，而能不能把一件事长久地坚持下去并做出一定的成果，是由你的人格特质决定的。即你的性格和价值观决定了你喜不喜欢及适不适合做某件事。只有选择符合性格和价值观的事业，你才不会一遇到困难就轻言放弃；只有这样，你才能逆风而行，并勇往直前。

回顾这些年在音乐道路上的发展历程，我一直努力告诉自己，要始终保持刚与音乐接触时的那份初心。我爱我的音乐事业，希望通过安静祥和的歌声给听众带来内心的放松。在此，我用我的心灵歌曲《何愁人生无归期》中的一句歌词"人在哪里呀，哪里就发芽。心在哪里呀，哪里就开花……"与张老师及各位读者共勉！

最后，祝愿各位在本书中，在各自的人生中，都有满意的发现和收获！

音乐人　龚玥

怎样阅读本书

Reading Guide

　　首先，为了便于大家阅读和让大家有较强的情景感，书中的各种职场情景案例，虽然发生的时间、地点、遇到的问题会不一样，但出场的人物均是 Joy（职场新人）和 Fiona（职场老鸟）。发生在他们之间的种种故事其实也或多或少出现在大家身上。

　　另外，通过阅读此书，大家可以更加清晰地意识到，我们每个人生来就是与众不同的。由这种性格类型偏好本身的不同造成的行为模式上的差异，导致每个人都有自己习惯和喜欢的工作、生活方式。同样，这种差异也会体现在每个人不同的阅读方式上。为了帮助大家更好地阅读此书，有几点建议和大家分享。

如果你做事时，喜欢先挑选自己喜欢的事情做，并且在此过程中会不断和朋友分享你的思路和感受，那么，我建议你可以依然采用这种方式来阅读本书。本书的绝大部分内容虽然相互联系，但又可以单独成篇，完全不会影响你对知识的吸收。所以如果你是这个类型的人，那就赶紧挑选你喜欢的章节开始阅读吧。

如果你做事时，喜欢通过严格的计划，把事情安排得井井有条，并且在此过程中从头到尾、按部就班地完成，那么，我建议你可以依然采用这种方式，每天安排固定时间按照顺序来阅读本书。本书的框架可以帮助你循序渐进地了解我要传达给你的内容。所以如果你是这个类型的人，那就着手做一个阅读计划吧。

如果你做事时，喜欢根据当前面临的状况，挑选最有效和快速的方法去执行，而不会在意做事的过程和细节，那么，我建议你可以依然采用这种方式来阅读本书。本书的案例部分是完全根据工作中发生的实际场景进行设计的，可以尽快给你提供在此种情况下最有效的解决方案。所以如果你是这个类型的人，那就可以先跳到本书的附页，测试一下你的性格，然后直接挑选每章的案例部分去阅读，看看是否有助于解决你当前面临的问题吧。

如果你做事时，有耐心并且注重他人和自身感受，同时会认真地聆听他人的建议，那么，我建议你可以依然采取这种方式：你可以一边阅读，一边想着在你工作和生活中发生的点点滴滴，联想一下本书中的例子是否就是你工作生活的一个缩影，让自己感同身受。如果你是这个类型的人，那你可以在阅读的同时想想要把感受分享给哪位朋友。

　　总之，抛开一切，用你自己喜欢的方式阅读此书吧，让你的心徜徉在自由舒适的海洋中，也为自己开启一段心灵之旅。

前言

Preface

时隔近 9 年的时间，经过和蓝狮子的老师商讨，我们决定把本书再次出版。虽然俗话说一本好书是要经得起时间的考验的，但这也并不意味着不需要与时俱进。因为社会环境与宏观经济在发生变化，行业状况在发生变化，由此在外部环境上产生了职场的变化。同时，个人的成长历程也在不断变化，其中包括我个人也经历了诸多变化。因此我想把这些变化，结合书中原有的核心内容进行重新梳理和整合，以便更加符合当下职场的特征，给大家提供更有效的支持和帮助。

首先，从宏观上看，我国的经济逐步踏上了消费升级及供给侧结构性改革的新发展道路，并已经取得了有目共睹的成绩。同时，也受到了世界经济整体下滑及疫情的影响。但是，无论怎样，我们的祖国都在"以梦为马、砥砺前行"的坚定信念中，突破自我，积极进取。

其次，从行业的发展变化上看，传统互联网应用从 2004 年到 2010 年达到巅峰期，2011 年随着智能手机的普及，互联网进入了新的智能移动时代。到了 2016 年，移动互联网时代越过了巅峰期，信息革命对全球产业和贸易的推动力也进入边际效应递减阶段。接下来我们看到的景象是，全球产业期待新的技术突破点出现。这个新的突破点被普遍认为是人工智能、区块链等高新技术。但是从大趋势来看，新的技术刚刚起步，尚未对整体经济发展带来显著的效率提升，因此也尚未对大多数行业的发展带来实质性的促进。

上述宏观经济形势及行业的变化，势必带来职场和就业形势的变化。它意味着我们每一个人的职场规划本质上都是随着经济及行业发展周期的波动而变化的。因此，我们每个人在制定自己的职业发展规划时，也要及时洞悉外部环境的发展变化，这样才能尽可能地在正确的时间做出正确的选择。

此外，一个人的成长是否顺利，更多的是取决于自己的内心境界和综合素质能否得到不断提升。如何更好地做到这一点并将其与新的经济、行业及职场的变化相匹配，这也是本书此次重点更新的内容。

由于个人的成长主要来自自身对环境变化的不断调整和适应，

我也会在书中结合自己的变化和大家聊聊如何做到成长不纠结。比如：我的工作经历了从职业经理人到创业者的变化；我的生活经历了从初为人父，到陪伴我的孩子懵懂地初入社会（幼儿园），再到陪伴我的孩子成为如今的少年（5年级）的变化。在与他的相处中，我从曾经的自认为满腹经纶，到发现还有许多知识需要学习，也领悟到若干可以应用到职场和公司管理中的道理和经验。

总之，此次再版，在保留书中原有职场心理学核心概念、核心发展工具及实际应用的基础上，我会借助案例融入这些年宏观经济、行业、职场及我个人的变化，为大家的成长"理纠结、管情绪、助发展"。

在此，我首先要衷心感谢龚玥女士为本书作序和撰写推荐语，还要感谢林波先生和张铁麟先生推荐本书。

另外，不得不说的是，我目前创业的投资人及事业上的伙伴，为我提供了一个更加宽广的舞台，让我能够更加尽情地展现自我。

最后，这本书能够顺利再版，我仍然要特别感谢我曾经的小粉丝们，他们的手绘漫画和文字编辑工作自始至终都起了至关重要的作用。同时，我的孩子也积极参与其中，他非常喜欢写作，我在书中也用他的作文作为案例进行了分析。

（以下排名不分先后）

漫画创作：**赖巧宁、扶小月**

文字编辑：**徐娟、李娜、张淦禹**

好了，让我们一起再次怀揣对未来的憧憬去开始这段心灵之旅吧！

目录

Contents

第1章

解锁性格的密码

01

发现你的性格优势 From A to A+

古今成才论概述

在中国传统的主流文化中，自春秋时期开始，儒家文化就一直占据主导地位。儒家倡导"仁"和"宽容"，就是在告诉我们应该善待周围的人，以包容的心态去吸纳来自不同方面的意见。对于这些观点，绝大多数人说起来都会点头称是，但在现实当中能够真正做到的又有多少呢？要能够真正接受不同的观点、不同的做事方法，确实不是一件容易的事情，即使对那些胸怀宽广的人来说也是如此。

举个例子来说，我们从小就开始接受来自不同方面的"园丁"对我们的"修枝剪叶"，他们试图把我们都修整成齐刷刷的草坪。在印象中，凡是不符合主流价值观的人和事，我们都会用相对负面的词去描述。比如：这个人的性格太张扬，这个人的性格很固执，这个人的性格太强势，这个人的性格太软弱、这个人的脑袋像块木头；这件事有点儿蹊跷，这件事太不符合常理，这件事怎么会发生在我的身上……

但是，毋庸置疑的是，无论是一个民族、一个企业或是一个个体，都有与众不同的地方，我们要学会善待这种种的不同。每个民族都有自己与众不同的文化，这种文化会体现在这个民族的信仰、风俗上，任何一个民族都不能狭隘地站在自己的立场上去妄断其他民族文化的好坏优劣。比如：我们中华民族多信仰佛教、推崇儒家文化，如果与一个信仰其他宗教、推崇个人英雄主义的民族交往，就应持互尊互重的心态去交流。

每家企业也都有自己与众不同的文化，这种文化会体现在这个企业的价值观和管理方式上。任何一家企业都不能戴有色眼镜去看其他企业的文化。比如：一家推崇创新产品、灵活运作的企业，如果与一家推崇恪守传统、稳健经营的企业开展业务合作，就应持相互取长的心态去共享平台和资源。

同样，我们每个人都有不同的性格、相异的做事方式。一个思维缜密、逻辑性强的人不应轻易地认为一个思维活跃、做事创新的人不靠谱、没头脑。同样，一个果断强势、做事以结果为导向的人不应轻易地认为一个情感细腻、做事周全的人太拖沓、效率低。

正是由于对上述种种不同的宽容和善待，不同时代体现出了不同时代的"人才价值观"。古往今来，对于人才的定义及如何能成为人才，众说纷纭。且不说古人是如何定义的，就 18 世纪 60 年代工业革命以来，我们就经历了若干个阶段：从最初人们对专业知识的渴望、研究和学习，到 20 世纪三四十年代美国著名成功学大师戴尔·卡耐基（Dale Carnegie）所提出的"人的成功，只有不到 15% 是因为他的技术知识，而其他的 85% 则是因为他的人际交往或沟通能力"，再到 20 世纪 90 年代在中国风靡一时的《高效能人士的 7 个好习惯》的作者美国著名管理大师史蒂芬·柯维博士（Stephen R. Covey）所提出的"一个人真正的成功不是取决于冰山的一角，即表面的沟通及社交能力，而是来自隐藏在水面下的冰山部分，即一个人的品格"，以及目前在财富 500 强的企业中盛行的"素质理论"。

作为曾在跨国公司从事人力资源管理、管理咨询工作以及创业多年的我，也一直在关心和研究这个问题，在这里也非常希望和大家进行交流。记得达尔文曾经说过"生物多样性越丰富，生态系统越稳定"，同时代我国诗人龚自珍也发出了"我劝天公重抖擞，不拘一格降人才"的呼唤。如此相异的生活环境、社会环境所孕育出的理论运用在人才的选用上竟惊人的相似。

从个人成长与发展的角度来看，上述的各种说法都有一定道理，但都略有偏颇。时至今日各种管理理论及工具要想发挥有效作用，决定因素不是这个工具的先进性和完善性，而是它是否符合公司的发展以及人性本身的特点；同时，这也是我们有时更愿把 human resource management（人力资源管理）中 human 叫作 humane（人性的）

的原因。那么就让我们来看看人性到底为何物，因为我们只有洞悉人性，才能更好地善待差异，才能更好地相互理解，才能更好地成就你我。

天赋本我之扬长避短

从西方心理学的角度来说，一个人从生下来开始，大约四五岁时性格就开始逐渐形成，至 12 岁时性格的主要方面已经定型，就像中国老话常说的"三岁看小，七岁看老"。那么自 12 岁以后我们能做的就是平衡自身性格中的各个方面，但是起主导作用的方面是不会改变的。这个性格的主要方面，我们称之为 natural preference（自然倾向）。如果把这个自然倾向应用到工作和学习中，就会有两个"放之四海而皆准"的道理：一是当一个人的工作环境与他的自然倾向越相符的时候，工作积极性越高，效率也越高，同时他也会更开心。比如，一个平时沉默寡言且不愿意主动接触陌生环境的人，如果我们把他放到销售岗位上，试想一下：哪怕他专业知识再强、工作再认真，成功的概率又会有多少呢？二是一个人应该把他的主要精力和资源放在他性格擅长的方面，也就是长板上。即我们应该做的就是扬长避短，而不是长短兼顾。

但是，我们中的绝大多数人从小受到的教育就是：如果你哪方面不足，老师或家长就会反复强调你其实在这方面的潜力很大，只是需要花更多的时间去弥补和完善。就拿我自己来说，在小学的所有课程中，我最不喜欢和最不擅长的就是音乐，尤其是唱歌。我的音乐老师对我总是不厌其烦地一遍遍教唱，甚至还单独为我补课，但结果是我的唱歌成绩仍然不及格，因此没有评上"市级三好学生"。

殊不知从人的天性角度讲，每个人都有长板和短板，我们最应该做的不是花费更多的资源去弥补短板，而是应该不断利用和发展长板，使之更强。这就像曾经流行一时的"木桶理论"，一个桶能盛多少水取决于组成桶的那块最短的木板的高度。如果我们整天苦恼于"为什么这块板这么短，为什么这块板不能变长，为什么……"，则只能是烦上加烦、恼上加恼。如果你知道当前最流行的是"斜木桶理论"，即把桶向长木板的方向倾斜，木板越长，可以容纳的水就越多。这样做的意义是既然我们不能把那块短板变长，那为什么我们不可以充分利用长板，把桶倾斜，在现有条件下盛更多的水呢？

举个例子来说，在上小学的时候，周围有一些小朋友刚开始写字的时候用的是左手，也就是我们常说的"左撇子"（专业术语应为"左利手"或"右利手"）。在中国，"左撇子"这个词是带有贬义和社会偏见的，而且日常生活中绝大多数的设施，包括书写及阅读习惯是为"右利手"设置的。

从心理学的专业角度讲，这被称为"社会称许性的群体思维"，即人们在做事时所选择的行为方式，通常会按照社会认同或符合当时社会习俗的标准。基于此，凡是"左利手"的小朋友，从小就在父母的严格管教下极艰难地学会了用右手写字。但是这种天赋本我的特质，使得他们在下意识地出手接一个下落物体或吃饭时，还是自然而然地选择了用左手。试想一下：如果他们同时用左手和右手练字，哪个会最终胜出呢？我相信右手永远不会比左手写得好。这就是"自然倾向"，即在不受到任何外界压力的情况下，所展现出的行为模式。

同样，上述理论可以用于如下两种情况。

1. 双手交叉

当你无意识地双手交叉时，有的人习惯右手大拇指在上，有的人则相反（见图1-1）。如果将上述的习惯刻意改变一下，你就会觉得特别别扭，好像多了一根手指似的。

2. 双臂交叉

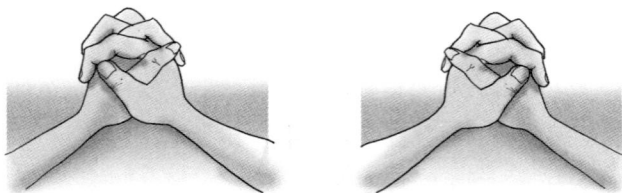

图 1-1　双手交叉的两种不同姿势

同样每个人在无意识地交叉双臂（见图1-2）时也都会有自己的习惯，如果强制改变习惯就会使自己非常别扭。

上述的例子说明了一个道理，从心理学的角度来讲，我们每个

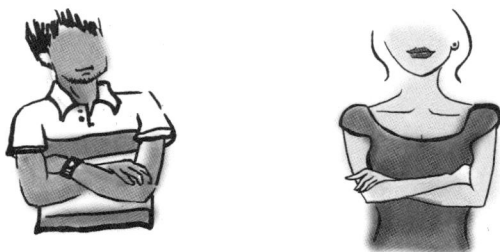

图1-2 双臂交叉时的两种不同姿势

人都有自己的"自然倾向"，每个人都会在这个"自然倾向"下充分培养自己的信心和相关的能力，同时你只有顺应这个"自然倾向"才能过得更加愉快。

该种倾向与所处工作环境的匹配度则会严重影响工作效率和心情。这也是我要写这本书的最重要的原因：帮助大家了解自身的"自然倾向"和偏好的行为方式，同时也能够洞悉他人的行为方式，以实现工作中的顺畅沟通和密切配合。

02
何谓性格

要想了解性格到底是什么以及其如何影响我们的工作和生活，我们就得先了解都有哪些因素会对人产生影响，或者说是哪些因素决定了一个人会成功。

何谓素质

经过几十年的研究和分析，我们把影响一个人在工作和生活中的若干因素，统称为素质（competency）。

素质运用在生活上，可以概括为：完成某种活动所必需的基本条件。

素质运用在工作上，可以概括为：驱动员工产生优秀工作绩效的各种个性特征的集合，它反映的是可以通过不同方式表现出来的员工的知识、技能、个性与驱动力等。素质是判断一个人能否胜任某项工作的起点，是决定并区别绩效差异的个人特征。

素质包含的因素、定义及与工作的关系

素质包含了若干因素，它们分别是：知识（包含通用知识和专业知识）、能力（包含衍生能力和通用能力）和人格（包含性格和动机）（如图 1-3 所示）。具体分析如下。

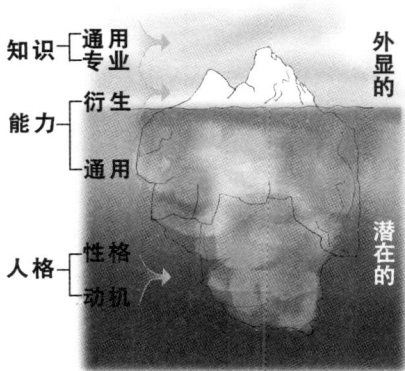

图 1-3 素质包含的因素

知识指一个人通过直接和间接的途径获得的对外部客观世界的认识，并在某一特定领域拥有的事实型与经验型信息。它可细分为通用知识（如生活常识、办公软件使用知识等）和专业知识（财务、

市场、销售、人力资源等）。它属于外显素质，后天容易获得。它代表了正常工作的基础。

能力分为衍生能力和通用能力。衍生能力是通过后天（12 岁以后）的持续锻炼和学习，能够更好地结构化地运用知识完成某项具体工作的技巧，比如：主动性、关系建立、自信、团队合作、人际理解沟通、判断能力等。它属于外显素质，后天容易培养。它代表了完成工作的综合技巧。

通用能力指在先天或早期（通常指 12 岁以前）形成的、在后天很难习得或改变的、最基础的能够结构化地运用知识完成某项具体工作的能力，简言之就是智商（IQ）。比如：言语理解、数字运用、演绎推理、图形推理、问题解决、资料分析。它属于潜在素质，后天难以培养。它代表了完成工作的基本技巧。

人格包括性格和动机。性格是指个性、身体特征对环境和各种信息所表现出来的持续反应。它属于潜在素质，后天难以培养。它代表了是否适合某项工作。

动机是指一个人对从事事务的持续渴望，进而付诸行动的内驱力。它属于潜在素质，后天难以培养。它代表了完成工作的意愿、兴趣和驱动力。

探究和评估素质包含的各因素

既然素质是影响人们生活和工作的核心要素，那么对其进行有效的评估才能区分出不同个体的素质差异。素质所包含的不同因素可以采用不同方法加以测评，如表 1-1 所示。

表1-1　素质包含因素的测评方法

序号	因素	测评方法
1	知识	纸笔考试或结构化面试中的问答考查
2	衍生能力	结构化面试中的问答考查
3	通用能力	纸笔考试（IQ）或结构化面试中的问答考查
4	性格	纸笔考试（心理学性格测试）或结构化面试中的问答考查
5	动机	纸笔考试（心理学动机测试）或结构化面试中的问答考查

不同测评工具的信效度

要了解如何更有效地使用各种测评工具，首先要了解各种工具的有效性及如何评估它们的有效性。通常有两个指标可以显示一个测评工具的有效性：一是信度，是指多次测量结果的一致性。比如高考试卷，在其他外在条件相同的情况下，被测评人无论更换地点还是更换时间进行多次测试，其分数都大致相同，则说明这个高考试卷是高信度的。二是效度，是指所得即所测，表明测量结果与要考察的内容相吻合。同样是高考试卷，其目的是把在高中学习好的同学挑选到相应的更好的大学中，如果达到此目的的话就说明高考是有效度的。信度和效度的关系是，有信度未必有效度，有效度必然有信度，因此只用效度表示测量工具的准确性即可。效度的数值区间在 0 ~ 1 之间，效度越高说明该测评工具越准确，通常测试的效度在 0.4 ~ 0.7 之间。英国心理协会曾经对各种测评工具的效度进行了分析和研究，详见表 1-2。

表1-2 各种测评工具的效度比较

序号	方法 / 工具	效度
1	评价中心	0.65 ~ 0.85
2	关键事件访谈（BEI/STARs）	0.48 ~ 0.61
3	工作样本	0.54
4	通用能力（IQ）测试	0.53
5	性格 / 动机测试	0.39
6	（简历）背景资料分析	0.38
7	推荐信	0.23
8	非行为化访谈（漫谈）	0.05 ~ 0.19

性格在上述因素中的重要作用

从上文的介绍中，我们可以看出性格在众多因素中发挥着至关重要的作用。性格说明了一个人是否适合某项工作。一个人只有从事与性格相匹配的工作内容，才能更好地发挥其知识和能力的作用，才能获得更高的绩效和更愉快的工作心情。

03
性格测试工具介绍

性格测试的分类

从心理学的角度出发，无论何种性格测试工具，其对性格分类的最终结果应该都是偶数个。原因很简单，因为这个世界的各种事物都是要分两个方面去理解和分析的。

性格二分法

回想我们在上小学或初中时，每年最盼望的除了过节就是寒暑假了，因为在放假时我们可以尽情休息、尽情欢笑，做自己喜欢的事情。然而最让我们头疼的是寒暑假作业，它就像一块大石头压在我们的心里，总让我们觉得假期不能够玩得十分尽兴。于是，不同的同学就有了不同的做作业的方法。有的同学喜欢一口气先把所有的作业都做完，或者每天严格地按照进度做完当天的作业，然后才会放心地出去玩儿；有的同学喜欢先痛快地玩儿，然后在临近开学的几天才匆匆忙忙补完所有的作业。我们以往对这两类同学的判断就是：第一类同学是"好学生"，第二类同学是"坏学生"，绝大多数老师和家长都希望自己的孩子是第一种。其实不然，不同的做作业的方式是和性格有着非常紧密的联系的，下面我们就一起来看看是什么样的性格导致了做作业方式的不同。

有一种最简单的性格分类方法是将人的性格分为两类，即 A 型性格和 B 型性格。下面我们就通过一个简单的测试来帮助你了解在该分类方法下的不同性格特征。

测试说明

下面列出了 5 组句子，每组句子描述了一件事情的两个方面：

如果 A 类句子描述了您的实际情况，请选择 1；

如果 B 类句子描述了您的实际情况，请选择 5；

如果您认为您的实际情况处于两者之间，请选择 1 和 5 之间的一个数字。请迅速回答问题，不用过多思考，并尽量避免选择 3。

性格测试问卷

No.	A 类陈述	得分	B 类陈述
1	我对于成功的定义就是取得可以衡量的成果	1 2 3 4 5	成功依赖许多因素，其中有许多因素是无法衡量的
2	当自己处于压力之下时，我发现自己在许多不重要的工作之间转来转去	1 2 3 4 5	即便时间很紧张，我也是在完成一项工作之后才会转到另一项工作
3	我对于用数字作为衡量成功的标准感到轻松自在	1 2 3 4 5	生活中最重要的事太过复杂，以至于无法用数字来衡量
4	我成功的最重要因素是自信和精力充沛	1 2 3 4 5	对成功帮助最大的是我细致入微观察的眼睛
5	我的未来就在自己的掌握中，我将更加努力工作以实现自己的理想	1 2 3 4 5	总是为了未来而奋斗会使我丧失很多现在的乐趣
6	我想要成为第一名，并且总是为此与他人竞争	1 2 3 4 5	我并不需要用争得第一名来证明自己的价值，因此我看起来不那么富有竞争性
7	如果他人没有像我希望的那样去做，我很快就会与他们作对	1 2 3 4 5	当他人没有像我希望的那样去做时，一定会有一个适当的原因，比生他们气更好的办法是找出这个原因
8	某人在做某项陈述时，最好切中要害、语言简洁。如果不是这样的话，我就想要打断他们	1 2 3 4 5	我是一个很好的倾听者，且从来不会不耐烦或打断别人的话

续　表

No.	A 类陈述	得分	B 类陈述
9	我讨厌干坐着，宁可整天都忙忙碌碌	1　2　3　4　5	我知道如果更加努力的话我会得到更多，但我不准备为了这些而放弃自己自由的时间
10	只有渐渐逼近的期限才能让我真正地做好某事	1　2　3　4　5	如果想让我把一件事情做好，就不要给我规定什么期限

结果解释

分数区间	性格类型
10 ～ 14	典型的 A 型性格
15 ～ 24	趋向于 A 型性格
25 ～ 34	两种性格类型的混合
35 ～ 44	趋向于 B 型性格
45 ～ 50	典型的 B 型性格

性格类型	性格特点
A 型	＊精力旺盛、做事迅速、时间感较强 ＊具有攻击性、竞争性、野心勃勃
B 型	＊休闲自得、不紧不慢、富有耐心 ＊比较随和、比较放松随意

从以上的测试中我们可以得知，第一类学生属于 A 型性格，第二类学生属于 B 型性格。两种性格各有特点、各有所长。但是通常 A 型性格的人在工作和生活中会面临较大的压力，而这种压力通常是来自自身性格。因此，我建议 A 型性格的人应通过一些方式适当减压，比如：快工作慢享受、调期望留空间、重目标享过程。同时，该性格的人在周末可以适当放松，享受生活带来的乐趣，比如：听听音乐、游个小泳、玩玩沙土、锻炼身体。

性格四分法

性格四分法是截至目前相对有效和简单的一种分类方法。它是国外的一些心理学家通过长期的实践和积累总结出的一套非常有效的人际行为风格测试问卷，经过几十年的应用已经取得良好的效果。该问卷简单易行，能够帮助被测试人员更清晰地了解自身性格的特点，同时我也总结了一个简便有效的方法以帮助大家增强对其他人的了解。性格的四分法也是我将要在本书中着重和大家分享的。

性格十六分法

较之四分法更为有效和复杂的是十六分法，也就是我们通常所说的迈尔斯 - 布里格斯人格类型测验（MBTI），我自己就是该测试工具的全球认证咨询师。由于此种方法比较复杂，不便于记忆，在本书中就不给大家介绍了。如果大家想要了解和学习的话，也可以购买类似的书籍，但是从严格的意义上讲，由于此种方法非常复杂，通常在测试完毕后，还需要有授权认证的咨询师提供一对一的辅导才会对个人有更大的帮助。

接下来我们就来一起探究一下性格的奥秘，以及如何将其应用到职场中。

在本书的附录中，我将附上性格四分法的测试问卷及解释分析，便于大家进行测试。但请你先不要急于作答，而是先请看完本书正文部分，通过书中那些发生在你身边的故事来探求性格的奥秘。而且我也坚信，在你看完本书并合上的那一刻，即使不做任何测试，你也必将对自身及周围的人有更加深刻的了解。

04

性格四分法之代表动物

一次重要的动物大会

在很久以前，森林中有四种动物为了谁更适合当森林之王产生了很大的分歧，有一天它们聚在一起开了一个非常重要的会议。这四种动物分别是：孔雀、猫头鹰、老虎、小浣熊，它们就谁更适合担任"森林之王"这个角色开始了激烈的辩论。

孔雀说："我天生漂亮、行动敏捷、精力充沛、喜欢和各种动物交流，如果我被选为森林之王的话，我一定会带领大家过上充满激情、幸福快乐的生活。"

猫头鹰说："我不同意孔雀做森林之王，因为孔雀平时做事太容易情绪化，同时也不够细致，工作时不重视对事实的研究，总是感情用事。请大家看看我，我天生机警、做事讲究章法、一丝不苟，如果我被选为森林之王的话，我一定会带领大家过上井井有条的生活。"

老虎说："大家不要吵了，我认为孔雀虽然不适合做森林之王，但是猫头鹰也同样不适合，因为猫头鹰做事特别循规蹈矩，工作方法过于死板，没有创新，所以我认为这个职位非我莫属。我天生性格冷静、坦诚、简单直接、做事迅速不拖沓，如果我被选为森林之王的话，我一定会带领大家各司其职，让我们的生活越过越好。"

小浣熊说："麻烦大家不要吵了，我们这样争来争去也没个结果，还会伤了和气。我觉得虽然我没有孔雀那么善于鼓舞人心，也没有猫头鹰那么心思缜密，更没有老虎那么勇敢果断，但是如果我们实在选不出个结果来，我有个建议，你们看行不行：在没有正式选出合适的人选之前，我先担任这个角色，但是我不是要管着大家，我是想通过这个机会更好地为大家服务。我天生有耐心，是个很好的聆听者，做任何事都为大家着想，我会努力带领大家过上平安、和谐的生活。等你们的最终选举结果出来后，我再让贤。"

从它们的竞选宣言中，你是否听出了什么不同？这种不同正是由它们的性格差异所致。此种以四种典型动物为代表的性格分类法就是我们接下来要着重和大家分享的性格四分法。

此种方法从两个维度来区分人的不同性格特征（见图 1-3）：第一个维度（横轴）是人在与外界互动时是偏"直接"（direct）还是偏"间接"（indirect）；第二个维度（纵轴）是人在做决策时是

偏"感性"（emotional）还是偏"理性"（rational）。两个维度的
相互组合就形成了四种不同性格类型偏好。即直接＋感性＝表达型，
直接＋理性＝推动型，间接＋理性＝分析型，间接＋感性＝友善型，
这四种性格类型分别用四种典型的动物采代表就是孔雀、老虎、猫
头鹰和小浣熊（见图1-4）。

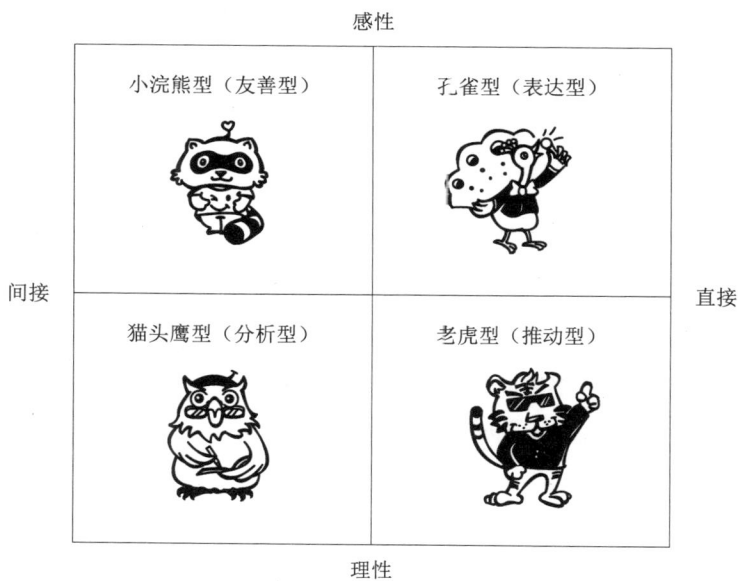

感性

小浣熊型（友善型）	孔雀型（表达型）
猫头鹰型（分析型）	老虎型（推动型）

间接　　　　　　　　　　　　　　　　　　直接

理性

图1-4　四种性格类型偏好与代表动物

四种动物的典型性格特征

不同的动物代表着不同性格类型的群体，他们所体现的行为特征也不同。下面我们分别从他们的"特点""历史上的代表人物"两个方面来更进一步地分析。

1. 孔雀型（表达型）

孔雀型的人的最大特点是善谈，他们喜欢成为焦点，会主动和他人建立关系，善于推动他人达成目标。

从上面关于竞选"森林之王"的辩论会发言中我们可以看出，孔雀型的人既感性又直接，他们往往对外界环境敏感，内心感情丰富。他们直抒胸臆、至情至性，我们能够强烈地感受到他们的情源于景并寓于景、景诱发情并衬托情。历朝历代凡是在诗词等艺术领域有大成就者，多属此类性格。他们感怀于外界环境的变化，并将这种情绪呈现在自己的艺术作品中，即一切景语皆情语、心随境转。

接下来就分享两个以这种性格特征为代表的历史人物，相信大家通过我的介绍就会有更深刻的体会。

你还记得这首词吗？"林花谢了春红，太匆匆。无奈朝来寒雨晚来风。胭脂泪，留人醉，几时重。自是人生长恨水长东。"中国上下五千年，有杰出的帝王将相，也有无能的昏君庸臣，而有些帝王虽然算不上一代明君，但他们凭借自身禀赋在其他领域独辟蹊径，颇有建树。

史称"南唐后主"的李煜便是其中之一。李煜，五代十国时南唐国君，南唐元宗李璟第六子，于宋建隆二年（961）继位，史称李后主。开宝八年（975），宋军破南唐都城，李煜降宋，被俘至汴京，封为右千牛卫上将军、违命侯，后因作感怀故国的名词《虞美人》而被宋太宗毒死。李煜虽不通政治，但其艺术才华非凡：精书法，善绘画，通音律，诗、文均有一定造诣，尤以词的成就最高，为世人留下了《虞美人》《浪淘沙》《乌夜啼》等千古名作。在政治上失败的李煜，却在词坛上留下了不朽的篇章，被称为"千古词帝"。

前文的《相见欢·林花谢了春红》一词将人生失意的无限怅恨寄寓在对暮春残景的描绘中，堪称以景抒情的典范之作。

此外，在李煜另外一首词《虞美人·春花秋月何时了》中，我们也能深刻地体会到作者感伤物是人非的凄凉之情。李煜被宋主抓住做了俘虏，感叹自己曾经的皇宫繁华仍在，然而主人却不再是自己了："春花秋月何时了，往事知多少。小楼昨夜又东风，故国不堪回首月明中。雕栏玉砌应犹在，只是朱颜改。问君能有几多愁，恰似一江春水向东流。"

还有一个人物，不知你可曾记得有这样一位奇女子：她被誉为"中国现代文化史上的杰出女性"。她具有令人惊叹的文学造诣，她著述的文章别具一格，充满诗情画意，婉约唯美。她的散文充满灵性，诗歌更是脍炙人口。其中《谁爱这不息的变幻》《你是人间四月天》更是让人读了心潮起伏，思绪回转！她就是林徽因。

从上面的例子中，我们可以总结出孔雀型的人所具备的性格特点，也可以找到历史上典型的代表人物，如表 1-3 所示。

表1-3 孔雀型人的性格特点与历史上的代表人物

性格特点	历史上的代表人物
*喜欢成为焦点 *行动敏捷、精力充沛 *主动建立关系 *推动他人达到目标	刘备、孙中山、李煜、张爱玲、林徽因、里根、克林顿

2. 老虎型（推动型）

老虎型的人的最大特点是能清楚表达期望，根据现有的选择提供解决方案，有效率地做出决策，喜欢结果导向型的工作方式。因此，我们常说，推动型的人是天生的领导者。

从上面关于竞选"森林之王"的辩论会发言中我们可以看出，老虎型的人既理性又直接，他们往往客观冷静、内心坚定，在做事时以任务为始、目标为终，以结果为导向。通过观察他们的行为方式，我们能够强烈地感受到他们对事情发展坚持不懈的强势推动；在他们的文章中，我们亦能感到他们的磅礴气势。还记得这个场景和对话吗？

甲："真不知道为什么确认个约会那么难！"

乙："我知道，对不起了，米兰达（Miranda）。我昨晚已经确认了。"

甲："我对你无能的细节不感兴趣！告诉西蒙（Simon）我不认可他送过来参加巴西展会的姑娘。我要的是干净、动感、微笑的！他给我的是不整洁、疲惫的大肚婆。还要回复同意参加迈克高仕（Michael Kors，品牌名）的聚会，叫司机早上 9 点 30 分送我过去，9 点 45 分准时接我走。打电话给'食全食美'餐厅的娜塔莉（Natalie），第 40 次拒绝她。不，我不要奶油卷筒，我要黄叶水果蛋糕。然后打电话给我前夫，告诉他家长会今晚在道尔顿（Dalton）召开。然后打电话给我丈夫，让他在上次我和马克莫（Massimo）一起去过的那家餐厅等我一起吃晚饭。告诉理查德（Richard）我看过他给我的女伞兵的照片了，那些照片真是无聊透顶，怎么就找不到一个可爱又苗条的女伞兵呢？又不是上天摘星星，对吧？还有，我要看那个叫奈杰尔（Nigel）的为格温妮丝（Gwyneth，品牌名）拍的第二封面的所有照片，我真怀疑她是否减掉了一点儿肥肉。"

看到这里，我想看过这部影片的朋友应该能够想起来了吧，这就是《穿普拉达的女王》（*The Devil Wears Prada*）里的场景。在片中梅丽尔·斯特里普（Meryl Streep）饰演顶级时装杂志 *Runway* 的女总编，她对待所有的人都非常尖酸刻薄，对工作的要求极高，而且所有的事情只看结果，不问过程，因此紧张的气氛充斥着整个杂志社。上述对话就发生在影片一开始，在短短数分钟内她对首席秘书艾米莉（Emily）列出 N 项工作和私人的安排，我们可以充分地感受到老虎型人的特点。

从上面的例子中，我们可以总结老虎型的人所具备的性格特点，同时找到历史上典型的代表人物，如表 1-4 所示。

表1-4　老虎型人的性格特点与历史上的代表人物

性格特点	历史上的代表人物
＊以任务为本，以结果为导向 ＊简单直接、一针见血 ＊快速的决策者、主动推动计划 ＊守纪律、喜欢控制自己及别人	张飞、刘邦、武则天、项羽、撒切尔夫人

3. 猫头鹰型（分析型）

猫头鹰型的人的最大特点是喜欢凡事讲求真凭实据，坚持自己的标准，喜欢通过评价和测试来做最终的决定。

从上面关于竞选"森林之王"的辩论会发言中，我们可以看出，猫头鹰型的人既理性又间接，他们往往客观冷静，内心理性坚定。他们在做事时坚持自己内心的价值观和标准，只做自己认为对和喜欢的事情，方式上按部就班、循序渐进，往往不易受外部环境的影响和刺激，不喜欢冒险。通过他们做事的行为方式，我们能够强烈地感受到严谨的思维和逻辑判断。历朝历代的忠臣明相不乏此类性格的人。从他们所写的文章中，我们就能感受到他们的理性性格，以及"境随心转"的修为，即不管外界如何风吹浪打，我自胜似闲庭信步。

接下来就分享两个以这个性格特征为代表的历史人物，相信大家通过我的介绍就会有更深刻的体会。

还记得这几句话吗？"臣亮言：先帝创业未半而中道崩殂，今天下三分，益州疲弊，此诚危急存亡之秋也。然侍卫之臣不懈于内，忠志之士忘身于外者，盖追先帝之殊遇，欲报之于陛下也。"这段话出自《前出师表》，作者即是被杜甫盛赞"出师未捷身先死，长使英雄泪满襟"的蜀国明相诸葛亮。诸葛亮受到后世极大的尊崇，成为忠臣楷模、智慧化身。

从《前出师表》的开篇几句话中，我们能够深刻体会到诸葛亮处事的严谨。短短几句话既分析了蜀国当前的形势，又分析了天下的形势，而且还简要地说明了自己下一步的工作计划，足见其有着超强的分析能力。

但是，如果这种性格特征发挥得过于极致，则事物可能会朝相反的方向发展，带来不利。比如：诸葛亮自建兴六年（228）春第一次出祁山攻打魏国失利开始，一共六次与魏军大规模交战，均因各种原因以失败告终。其间，大将魏延曾向诸葛亮提出著名的奇袭长安"子午谷奇谋"，即让诸葛亮分拨一万军队出子午谷，夺取雍州长安和潼关，诸葛亮自祁山攻雍州，然后会于潼关。但此计遭到向来谨慎的诸葛亮反对。魏延认为诸葛亮过分谨慎，叹息悔恨自己的才能没有完全发挥出来。

今天我们回过头来看，这可以说是个千载难逢的机会，如果采用此计策，即使蜀汉不能一举统一大业，至少有望将雍州并入蜀地。当时魏国派驻边防的安西将军夏侯楙，乃曹操女婿，"素无武略"，"又多蓄妾"，因着与魏文帝曹丕的关系才获得这一荷守一方重镇的职位。魏延看准此一机缘，遂大胆向诸葛亮提议道："给我一万人，自带粮草，循秦岭以东疾进，不出十日可到长安。胆怯的夏侯楙见我蜀兵天降，必然仓皇而逃。曹丕若想率军亲征，最起码也得二十天，丞相已可先期到达。这样，咸阳以西可一举而定。"诸葛亮认为此计风险过大，并且难以成功，故弃而不用。从这个例子也可以看出，当猫头鹰型的人过于谨慎的时候，是会贻误战机的。

此外在中国历史上还有这样一位皇帝，虽不算明君，但在一项手工艺上却是个奇才，而且这项手工艺竟然是木工。他就是明熹宗朱由校（1605—1627），光宗长子，明朝第 15 代皇帝。明熹宗时，外有金兵侵扰，内有明末起义，正是国难当头、内忧外患的时期。明熹宗却不务正业，不听先贤教诲去"祖法尧舜，宪章文武"，而是对木匠活有着浓厚的兴趣，整天与斧子、锯子、刨子打交道，只知道制作木器，盖小宫殿，将国家大事抛在脑后，成了名副其实的"木匠皇帝"。

明熹宗不仅贪玩，而且还玩得很有"水平"。他自幼便有手工天赋，不仅经常沉迷于刀锯斧凿油漆的木匠活之中，而且技巧娴熟，一般的能工巧匠也望尘莫及。据说，凡是他看过的木器用具、亭台楼榭，都能够做出来。刀锯斧凿、丹青揉漆之类的木匠活，他都要亲自操作，并且乐此不疲，甚至废寝忘食。他手造的漆器、床、梳匣等，均装饰五彩、精巧绝伦。《先拨志》载："斧斤之属，皆躬自操之。虽巧匠，不能过焉。"文献载其"朝夕营造"，"每营造得意，即膳饮可忘，寒暑罔觉"。

从上面的例子中，我们可以总结猫头鹰型的人所具备的性格特点，也可以找出历史上典型的代表人物，如表 1-5 所示。

表1-5　猫头鹰型人的性格特点与历史上的代表人物

性格特点	历史上的代表人物
＊凡事讲求真凭实据 ＊善于探询、澄清、搜集 ＊通过评价和测试做决定 ＊设定标准	诸葛亮、明熹宗朱由校、包拯

4. 小浣熊型（友善型）

小浣熊型的人的最大特点是富有同情心，乐于助人，善于从他人的角度去考虑问题，愿意为他人着想。

从上面关于竞选"森林之王"的辩论会发言中，我们可以看出，小浣熊型的人既感性又间接，他们往往对外界环境很敏感，内心感情丰富，但不善于表达。他们做事时往往比较考虑周围人的想法和感情。通过他们的行为方式，我们能够强烈地感受到他们内心的温暖，以及对周围人的关心和爱护。

在《西游记》中，孙悟空未被唐僧收为徒弟之前，和玉皇大帝有过多次斗法。其中有这样一位神仙——他法力深厚，又非常和善。孙悟空闯地府、闹龙宫，玉皇大帝要发兵征讨，他就替悟空说情，建议封悟空做管理御马的弼马温。孙悟空第二次闹天宫时，又是他出面当招安使，封悟空为齐天大圣，管理蟠桃园。后来，在唐僧师徒西天取经的路上，他也多次暗中帮助师徒四人。这个性格温和的好老头就是太白金星。一起看看下面的对话，我们就可以清晰地判断出太白金星的性格了。

> 玉帝道："那路神将下界收伏？"言未已，班中闪出太白长庚星，俯伏启奏道："上圣三界中，凡有九窍者，皆可修仙。奈此猴乃天地育成之体，日月孕就之身，他也顶天履地，服露餐霞，今既修成仙道，有降龙伏虎之能，与人何以异哉？臣启陛下，可念生化之慈恩，降一道招安圣旨，把他宣来上界，授他一个大小官职，与他籍名在箓，拘束此间；若受天命，后再升赏；若违天命，就此擒拿。一则不动众劳师，二则收仙有道也。"玉帝闻言甚喜，道："依卿所奏。"即着文曲星官修诏，又着太白金星招安。①

从上面的例子中，我们可以总结小浣熊型的人所具备的性格特点，也可以找到历史上典型的代表人物，如表 1–6 所示。

---

① （明）吴承恩. 西游记（上）［M］. 合肥：安徽文艺出版社，2018：33—34.

表1-6 小浣熊型人的性格特点与历史上的代表人物

性格特点	历史上的代表人物
＊给予支持、忠诚 ＊良好的聆听者 ＊有耐性、为他人着想 ＊善于排解分忧、极能缓和气氛	甘地、萧何、老子、特里莎修女

通过以上的介绍和分析，大家了解了不同类型人的性格特点，再请大家回想一下自己在日常生活或工作上的行为特点，来判断一下自己的自然倾向（性格类型偏好）。不过大家在比较和判断时，一定要在没有压力或没有任何特殊事件发生时，也就是在最自然的状态下才可以。换句话说，就是用自己本来的样子，而不是自己期待的样子。

05
如何洞悉别人的性格

　　如果我们希望通过对性格的了解来助力工作，那么除了要了解自己以外，还要能更清楚地了解别人，其中既包括客户、领导，也包括同事和下属。众所周知，性格就像我们每一个人的内心，用眼睛是不能直接观察到的。那么该如何知道别人的性格呢？接下来我们就通过介绍性格四分法的基本原理，以及如何利用该原理来了解别人的性格。

　　性格四分法的原理是指，通常人在与外界接触的过程中，要经历"三个步骤"，即如何获得信息、如何做出决策、如何做出反馈。这整个过程通常会从两个维度加以归类。即与外界的互动方式（包括获得信息和做出反馈），分为直接型（direct，简称 D 型）和间接型（indirect，简称 I 型）；决策方式，分为理性型（rational，简称 R 型）和感性型（emotional，简称 E 型）。两个维度的相互组合就形成了四种不同性格类型偏好。即直接 + 感性 = 表达型、间接 + 理性 = 分析型、直接 + 理性 = 推动型、间接 + 感性 = 友善型。这四种性格类型分别用四种典型的动物来代表就是孔雀、老虎、猫头鹰、小浣熊。

上述原理中所说的"三个步骤"，即我们每个人的"外在表现"，因此我们可以通过观察它来了解别人的性格。这种外在表现可以分为两个部分：第一部分就是一个人的沟通方式；第二部分就是一个人所营造的周边环境的特征，包括他的工作环境和生活环境。

观察沟通方式

通常人与人沟通的效果会受三个因素的影响：语言、声调、体态。如果沟通同一件事、表达同一个意思，不同性格的人在三因素上的表现也是各不相同的。简言之，间接型羞于表达，直接型乐于表达，感性型生动表达，理性型正式表达。具体的表达特征在表 1-7、表 1-8 中分别进行了说明。

1. D 型人和 I 型人的行为特征

具体如表 1-7 所示。

表1-7　D型人和I型人的行为特征区别

不同类型	语言（文字本身）	声调（语音语调）	体态（身体语言）
D 型	* 喜欢用叙述／祈使句的方式（如"坐下吧"） * 喜欢说话 * 喜欢表达自己观点 * 说话很多	* 语调变化多 * 有力量 * 音量高 * 语速快	* 握手有力 * 一直有目光接触 * 需要强调的时候，经常用体态／手势 * 没有耐心
I 型	* 喜欢提问的方式（如"要不要坐下来"） * 喜欢倾听 * 不太表达自己的观点 * 说话很少	* 平稳 * 不是很有力量 * 音量低 * 语速缓慢	* 握手轻 * 目光接触时有时无 * 很少用体态／手势 * 有耐心

　　为了让大家更好地理解 D 型和 I 型的特点，我举一个我自己经历过的例子。记得在刚刚上班的时候，我所在的部门承担了一个非常重要且复杂的项目。在整个项目实施过程中，大家每天都加班到很晚，工作非常辛苦。在苦熬了三个月以后，项目终于顺利完成，并得到公司领导的表扬。在项目总结会结束后，我最想做的一件事就是回到家好好洗个热水澡，然后美美地睡个懒觉。可是，部门有一位同事，提议大家去唱卡拉 OK，看到大多数人都附和这个建议，我也不太情愿地跟着去了。接下来的两个多小时，对我来说真是一段难熬的时间，可是另外几个同事竟然越唱越嗨，仿佛他们在经历了巨累无比的项目后，仍然有无尽的精力和体力。事后每每回想起来，我都感到自愧不如。直到我系统地学习了心理学以后，我才发

现其中的奥秘。说到这里，你能猜出来这个奥秘是什么吗？

2. R 型人和 E 型人的行为特征

具体如表 1-8 所示。

表1-8　R型人和E型人的行为特征区别

特征	语言 （文字本身）	声调 （语音语调）	体态 （身体语言）
R 型	＊注重事实和任务 ＊很少分享个人感情 ＊说话正式	＊很少抑扬顿挫 ＊语调变化幅度小 ＊音量变化小	＊表情单一 ＊体态语不多 ＊不喜欢接触 ＊行动幅度小
E 型	＊喜欢讲故事／叙述 ＊喜欢分享个人感情 ＊说话随和、不正式 ＊愿意表达自己的观点	＊抑扬顿挫 ＊语调变化幅度大 ＊音量变化大	＊表情丰富 ＊体态语多 ＊喜欢接触 ＊行动幅度大

为了让大家更好地理 R 型和 E 型的内容，我举一个语言（文字本身）的例子。这个例子不是来自某个历史名人，而是来自我的孩子。他在四年级时写了一篇作文，因为语言生动而得了 29 分（满分是 30 分）。从他的文字（见图 1-5）当中，你可以看出来他是属于哪种性格类型的人吗？

通过这篇作文中的文字描述，我初步判断他属于感性型。为什么呢？因为这些文字基本上体现了感性型的人在语言上的特征，比如：他通过讲故事的方式描述了小鹦鹉这个动物朋友是如何贪吃的；

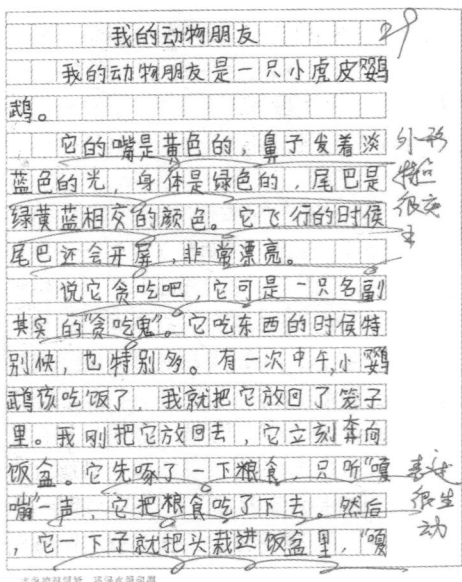

图 1-5　孩子的作文

他用拟人的方式，即用"贪吃鬼"来描述小鹦鹉贪吃的形象；他用"栽进饭盆里"来描述小鹦鹉贪吃的急切心情。怎么样，看到这里，你和我的判断是一样的吗？

观察工作环境

不同性格的人在对自己工作环境的布置上也会有不同的喜好和习惯。简言之，孔雀型的人的工作环境看上去会有些杂乱无章，但是温馨舒适；猫头鹰型的人的工作环境看上去井井有条，但是显得毫无生气；老虎型的人的工作环境看上去颇有些无形的正式感或权威感，你身处其中的时候，如果谈到和工作不相关的话题，似乎就会产生负罪感；小浣熊型的人的工作环境看上去温馨、舒适、充满人情味，仿佛就是在自己家的书房或者是卧室。不同性格类型的人的工作环境的具体特征请看表1-9中的详细说明。

表1-9 不同性格类型的人所处的环境特征

友善型	表达型
*办公桌面上可能有家人照片或其他个人物品	*办公桌面看上去可能有些杂乱，但他们自己知道什么东西放在什么地方
*墙上可能贴有个人座右铭、家人或者朋友照片、艺术品、纪念品等	*墙上可能贴有奖状等带有表彰意义的纪念品，或者带有自我激励口号的物品
*办公区域布置得轻松、友好、舒适	*办公区域布置得轻松、友好、舒适
*座位安排开放而且是非正式风格	*他们喜欢与人打交道，你来找他们谈话时，他们会改变座位的安排方式
*他不会坐在桌子后和你讲话	
分析型	推动型
*办公桌面整洁干净、条理分明	*办公桌面看上去很"繁忙"，有很多待处理的文件、档案等
*墙上可能贴有图表等和工作相关的物品，如有照片，可能也是工作性质的照片居多	*墙上可能贴有表彰成就的奖状等物品或者大张的计划表
*办公区域的布置风格是便于工作	*办公区域的布置风格让人想到权力和权威
*座位安排的方式体现了正式和不易接触的特征	*办公桌或许很大，以体现他的成就，而且和你说话的时候他一般坐在桌子后

观察结果与类型判断

将上述观察得出的结果放入下面的图 1-6 中，您就可以判断出对方的性格类型。

小浣熊型 	感性	孔雀型 
间接		直接
猫头鹰型 	理性	老虎型 

图 1-6　不同性格类型区分

在充分地了解了自己，并了解他人的基础上，通过下面的章节，我们再来一起看看自然倾向（性格）是如何影响我们工作的，又是如何帮助你"遇难成祥"和"逢凶化吉"的。

—— 第2章 ●●

拿下理想offer

01
如何选择职业方向

　　每年都会有许多即将毕业的同学在找工作时遇到类似下面的问题：

　　"我学的专业我不喜欢，我喜欢的专业我又没学，在找工作时该怎么选择？"

　　"中国未来 5 ～ 10 年，哪些专业最容易就业呀？"

　　"我该如何挑选好的公司呢？"

　　"我到底适合什么工作呢？"

　　"我现在做的是销售工作，可是我不喜欢，我想做人力资源，我该怎么转行呀？"

这项工作适合我吗？

Joy（乔伊）大学本科学的专业是市场营销，硕士研究生时学的是大众传媒。在一年前毕业后成功应聘为一家互联网大厂负责销售数据统计分析的销售助理，直接主管是销售总监Fiona（菲奥娜）。她的主要工作是负责公司在中国的1000多名销售人员定期的销售收入、回款、客户数等各项指标达成率的计算及分析。数据分析是个要求细致、耐心、准确的工作，Joy认为凭借她良好的数学功底一定能够迅速上手并适应这个工作。

但刚刚上班后的第二个月初，她就委屈地跑过来和我说："勇哥，这活儿没法儿干了，每天加班不说，领导要求实在太高，而且十分不通情达理，简直就是冷血动物。实在没有想到，我的第一份工作就让我的职业生涯这么悲催。"听到这儿，我忙问事情的原委。她委屈地和我说就在前几天计算上个月相关销售数据的时候，发现自己用Excel做的每个销售人员的销售回款汇总额，与财务的实际回款额相差一分钱，经过反复核对后仍然没有查出到底是在哪里有遗漏。Joy深感自责，独自在座位上自我检讨。最后实在没办法，在销售总监Fiona的反复催促下，Joy才说出自己遇到的问题并且强调一直在努力寻找答案和方法。听完Joy的汇报后，Fiona不但批评她不够仔细，而且还要求她不核对清楚就不能下班。后来Joy实在找不出问题在哪，就又去向Fiona请教，结果又遭到Fiona的批评。Fiona的答复是，如果这么简单的问题都解决不了，真不知道她以后还能承担什么其他更重要的工作。

一般人遇到这种情况，我想大多数都会和Joy想的一样，觉得领导太不通情达理，自己有万般委屈。但真的是这样吗？

当遇到这种情况时，大多数身为领导的人都会责怪下属太马虎，但身为助理也会埋怨领导有些不近人情。但是我却没有简单地这么想，因为人的不同性格会导致做事风格的不同。在这个案例中，Joy是个典型的猫头鹰型的人，平日里喜欢独自工作和解决问题。猫头鹰型的人在遇到问题时总是爱钻死胡同，不善于向周围的人寻求帮助。而那个销售总监，从描述中可以大致判断是个老虎型的人，老虎型的人通常是结果导向、理性驱动，不问过程、不讲感情。

那么Joy到底适不适合这项工作呢？我们该如何选择适合自己的职业发展方向呢？接下来我就从两个方面来和大家分享如何有效规划自己的职业发展方向。这两个方面分别为：不同性格类型偏好的人在择业时的区别、人格发展的不同阶段对择业观的影响。

不同性格类型偏好的人在择业时的区别

1. D型人和I型人在择业时的区别

由于D型和I型本身具有的行为偏好，D型的人更喜欢什么事情都讲出来，和周围的人互动，通过表达来思考，而I型的人更喜欢什么事情都埋在心里，通过自省来思考。两类人的性格差异导致了他们在择业时的不同职业发展方向。而两者的风格是完全相反的，如果任何一方所选择的工作性质与自身性格偏好相反，就会导致工作中的不顺畅及工作效率的降低。

在选择职业发展目标时，D 型的人往往喜欢选择与人打交道比较多的工作，因为他们觉得在工作中只有通过与别人的不断交流和互动才能让自己对工作充满乐趣。D 型的人喜欢如下的工作内容和环境：

★ 可以通过工作不断认识新的朋友，并且通过和这些朋友的互动来获取更多的信息、自信心和能量。

★ 喜欢和陌生人打交道，并且能够把陌生人也变成朋友，在与朋友的交流中，希望自己能够成为沟通的主角。

★ 希望通过自己的言谈举止给周围的人带来影响，让大家接受自己的观点。

★ 在工作中希望能够得到别人的认可，并且这种认可一定也是直接表达的。

在选择职业目标时，I 型的人往往喜欢能够独处和思考的工作，因为他们认为只有经过自己独立思考、不受外界环境干扰的想法才能真正给工作带来帮助，同时让自己在思考中不断成长。I 型的人喜欢如下的工作内容和环境：

★喜欢安静的工作氛围和自己能够拥有独立思考的时间和余地。

★喜欢倾听周围人的想法，同时更喜欢周围人倾听自己的想法，否则就会认为自己没有受到尊重。

★喜欢不需要和过多的人，尤其是陌生人接触的工作。

★与其每天面对不同的人，他们更愿面对不同的事。

综上，对于D型的人和I型的人，他们对自己的职业发展目标都有不同的想法。一个认为工作的乐趣之一是人与人之间的互动，一个做工作是为了安静做事情本身。

2. R型人和E型人在择业时的区别

对于R型的人来说，他们认为制定职业目标必须经过广泛的调研和分析，通过认真的思考和对比分析才能确认自己的职业发展目标。E型的人则认为将来的事情谁也说不准，最好的方法就是随遇而安，与其花费时间去思考，不如先干再说，因为毕竟是实践出真知。两者的核心区别导致了这两种类型的人必然会在选择职业目标和喜欢的工作环境时，有着完全不同的方法。与D型和I型之间的性格类型偏好差异相比较，R型和E型之间的性格类型偏好差异则更加导致了这两类人喜欢的工作内容和环境是截然不同的。

R型的人喜欢的工作内容和环境如下：

★公司具有严格的管理规定和工作流程。

★公司所做的任何决定一定是经过诸多客观分析的结果，而不是异想天开。

★同事之间在讨论问题的时候，应该有一说一、坦诚相告，而不是为了面子吞吞吐吐。

★希望周围的人对自己的认可和反对完全是因为自己所做的事情本身，而不是自己的为人。

E 型的人喜欢的工作内容和环境如下：

★融洽、愉快、宽松的工作环境是最佳的选择。

★在工作中为他人提供支持和帮助，并看到别人由于自己的帮助而获得成长。

★喜欢大家在做事时能够互相站在对方的角度考虑。

★喜欢鼓励别人，同时更希望得到别人的鼓励。

基于以上对自身性格的大致判断，然后再结合自己在专业知识和能力两个方面的掌握程度，就可以对自己适合哪方面的工作有大致的方向。在找到适合自己工作方向的同时，还要注重如何选好行业和企业，因为工作是建立在行业和企业基础上的。对于行业，任谁也没有能力准确预测未来 5 年或 10 年以后发生的事情，也许今日的朝阳行业，10年以后就会变成夕阳行业。鉴于上述原因，大学生们在大学期间，除了必须学好自己本专业的知识以外，还应更多地通过不同的信息渠道了解世界、了解中国、了解地区经济及行业发展的状况，以开阔自己的眼界。此外，还可以通过参加企业的实习工作以更好地了解现实中的工作环境。

人格发展的不同阶段对择业观的影响

每个人在初入职场时遇到的问题，归根结底就是如何选择一份相对适合自己的职业。在传统的教育体制下，如今大多数学生都面临这样的问题：大学毕业时发现自己以前选择的专业自己不喜欢，而在自己成长过程中发现，对于自己喜欢的专业又没有进行系统的专业知识训练。但在国外却很少存在这种情况，这是因为国外的学生一进入初中就会接受智商、性格及职业兴趣的测试，而且这类测试会一直伴随职业生涯始终。在此过程中，国外的学生可以根据测试的结果逐步了解自己的性格特征及职业兴趣所在，从而在选择大学专业的时候就已经具备了比较清晰的判断和选择。这也是国外的心理学在多年的应用过程中，通过积累大量长期、有效的数据，可以为求职者提供高参考性建议的根本原因。

美国一位著名职业规划专家，通过长期大量的研究，将人的职业发展分成5个主阶段，这5个主阶段分别是成长期、探索期、建立期、维持期、衰退期。这里主要介绍和大家最相关的前3个主阶段，这3个主阶段又分成了8个子阶段。不同的阶段所体现出的人的特征亦有所不同（见表2-1）。根据不同的特征，我们可以有意识地关注这一理论并运用在整个人生的职业规划上。而且这也从另一个侧面印证了我在上文中提到的国外对于职业发展的教育和规划是从初中阶段就开始有意识地培养的。

表2-1　职业发展不同阶段的特点及任务

阶段名称	阶段年龄	发展特点及关键任务
第一阶段：成长期	0～14岁	发展自我形象和对工作世界的正确态度，并渐渐了解工作的意义。经历对职业从好奇、幻想到感兴趣，再到有意识培养职业能力的逐步成长过程
1 幻想期	0～10岁	儿童从外界感知到许多职业，对于自己觉得好玩和喜爱的职业充满幻想并进行模仿
2 兴趣期	11～12岁	以兴趣为中心，理解、评价职业，开始做职业选择
3 能力期	13～14岁	开始考虑自身条件与喜爱的职业是否相符，并开始有意识地进行相关能力的培养
第二阶段：探索期	15～24岁	职业偏好逐渐具体化、特定化，并实现职业偏好。完成了从择业到初次就业的转变

续　表

阶段名称	阶段年龄	发展特点及关键任务
1 试验期	15～17 岁	综合认识和考虑自己的兴趣、能力与职业社会价值、就业机会，开始进行择业尝试
2 过渡期	18～21 岁	进入劳动力市场，或者进行专门的职业培训
3 尝试期	22～24 岁	选定工作领域，开始从事某种职业
第三阶段：建立期	25～44 岁	调整、稳固并力求上进，逐步形成稳定的职业发展路径。
1 尝试期	25～30 岁	对初次就业选定的职业不满意，再选择、变换职业工作。每个人变换次数不等，但不宜过于频繁。也可能满意初选职业而无变换
2 稳定期	31～44 岁	最终职业确定，开始致力于稳定的工作

　　在上述的不同发展阶段，我们可以发现一个共同的特征，即这看似被分割的多个阶段其实是由目标的逐渐建立并完成的整个过程所串联的。因此，我们认为目标在人的职业发展过程中起着至关重要的作用。这个结论亦可以从美国一所著名大学（哈佛大学）在以往所做的一个非常有意义的关于目标对人生影响的跟踪调查中得到。

　　被调查对象是一群智力、学历、环境等条件差不多的年轻人。调查结果显示，不同的被调查者对于目标的设定差异较大，其后再经过25年的跟踪研究，结果发现他们的生活状况及分布现象有一定规律，并且相互之间差异同样较大（见表2-2）。

表2-2　目标对人生影响的调查

序号	被调查者目标设立情况	所占百分比	被调查者日后生活状况及分布现象
1	没有目标	27%	几乎都生活在社会的最底层，他们的生活过得都不如意，常常失业，并且抱怨他人，抱怨社会，抱怨世界
2	目标模糊	60%	几乎都生活在社会的中下层，他们能安稳地生活与工作，但都没有什么特别的成绩
3	有清晰但比较短期的目标	10%	大都生活在社会的中上层，成为各行业不可或缺的专业人士，如律师、医生、工程师、高级主管等
4	有清晰且长期的目标	3%	他们大都成了社会各界的顶尖成功人士，其中不乏白手创业者、行业领袖、社会精英

　　虽然从上述两个案例中我们看到了职业目标的设立及发展路径的系统规划是多么重要，但是目前在中国将心理学作为职业规划的有效工具和手段还不是十分普及。面对这一情况，我们又该如何是好？没有关系，本书就可以助你一臂之力。

　　广义来讲，工作大致可以分为两类：一类是在入门时就需要对专业知识具备比较深厚的研究，比如医生、律师、研发工程师等；另一类在入门时不需要对专业知识的掌握有很高的要求，比如市场、销售、人力资源、行政等。任何人如果想在上述两类工作中有所成就，都须付出巨大的努力和投入。第一类工作的门槛很高，在半山腰，想入门必须先经过漫长而充满挑战的攀爬阶段，才能进入这一领域，并有机会到达山顶；第二类工作的门槛不高，就在山脚下，入门很容易，但是之后同样要历经布满荆棘的攀爬过程才有可能到达山顶。无论做哪类工作，如果你能对自己的性格有深入的了解，那么排除你的知识和能力因素，你就可以根据性格判断自己更适合哪类工作，以达到事半功倍的效果。

读到这里，我想你一定更加清楚如何选择一份适合自己的工作了吧。带着这些充分的准备向职场出发吧，让你的择业不再困惑和盲目。

小结：职业发展方向的要点

从上面的例子，我们可以大致分析一下不同性格类型的人适合做哪方面的工作以及注意事项是什么（见图2-1）。

孔雀型（表达型）

此类人做事行动敏捷，精力充沛，同时不喜欢老套，喜欢寻求新尝试，因此他们比较适合做创意类、艺术类的工作，比如适合成为销售人员、表演者、建筑设计师、记者、艺术家、教师、培训师等。

老虎型（推动型）

此种类型的人做事简单直接，以结果为导向，同时会对工作的质量和结果承担责任，因此他们比较适合做管理类、快速决策类的工作，比如适合成为一线管理人员、企业家、排除故障者、抢险队员等。

猫头鹰型（分析型）

此种类型的人做事讲求真凭实据，喜欢了解情况后再做精确的咨询，并尝试用不同的方法解决问题，因此他们比较适合做分析类、计算类、程序性的工作，比如适合成为会计师、警察、医生、科学家、工程师等。

小浣熊型（友善型）

此种类型的人是个良好的聆听者，同时做事有耐心，喜欢帮助人，因此他们比较适合做倾听类、服务类、支持类的工作，比如适合成为客服人员、心理咨询师等。

感性

小浣熊型（友善型）	孔雀型（表达型）
客服人员、心理咨询师等	销售人员、表演者、建筑设计师、记者、艺术家、教师、培训师等
猫头鹰型（分析型）	老虎型（推动型）
会计师、警察、医生、科学家、工程师等	一线管理人员、企业家、排除故障者、抢险队员等

间接　　　　　　　　　　　　　　　　　　　　　直接

理性

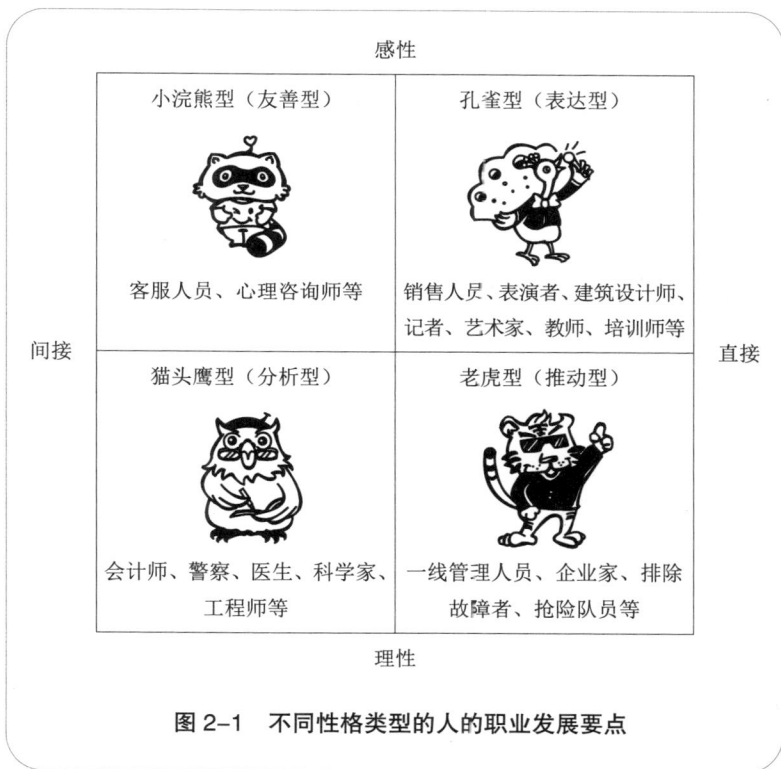

图2-1　不同性格类型的人的职业发展要点

02
脱颖而出的简历

　　我们常说"文如其人"，一篇文章的字里行间往往能够间接体现这个作者本身的一些特点。这个特点可能是优势，也可能是劣势。同样，在撰写简历的时候，你是否考虑过如何让简历充分体现你的优势？你是否也会有如下困惑？

　　"我怎样才能写一份吸引面试官眼球的简历，让它在众多简历中脱颖而出？"

　　"我的简历上是应该放彩色的还是黑白的相片呀？是放半身的还是全身的呀？"

　　"我简历上的自我介绍是多写点儿还是少写点儿好呀？"

　　"我以往的学习、工作经历，应该如何写才能既突出我的能力，又不会显得啰唆呀？"

"我简历上的求职目标是写得集中一些，还是分散一些，哪个会增加我面试的机会呀？"

每个人在完成了对行业、公司、职业的初步选择后，马上就会面临的问题就是如何写好一份简历。简历的重要作用在于简洁清晰地展现自身综合素质与所应聘职位的匹配度，一份好的简历可以通过吸引面试官的注意以增加获得下一步面试的机会。但是何为一份好的简历？请看如下的分析了解不同性格的人在写简历时通常都会犯哪些错误和如何避免这种错误。

我的简历问题出在哪？

Joy 一年前毕业，临毕业前像许多同学一样开始紧张地寻找工作。为了提高简历的命中率和增加参加面试的机会，Joy 采取了如下的方法：首先，她在自己简历的"希望从事职业""希望从事行业"两个项目上尽量填写了多个方向；其次，在投递简历的公司选择上也采取广泛撒网的思路和方法。她第一次写的简历是这样的：

本人概况

姓名：Joy Wang   出生日期：****年**月**日
性别：女   户口：北京
民族：汉   政治面目：群众
专业：市场营销/大众传媒   学历（学位）：研究生（硕士）
手机：***********   E-mail：*********@**.com

求职意向

期望工作性质：全职
期望从事职业：人力资源、行政、销售、市场
期望从事行业：快速消费品（食品/饮料/烟酒/化妆品）、IT服务（系统/
　　　　　　　数据/维护）/多领域经营、保险、金融/银行/投资/基金/
　　　　　　　证券、咨询/管理产业/法律/财会
期望工作地区：北京
期望月薪：5000～7000元/月
目前状况：应届毕业

自我评价

熟悉市场营销相关知识，熟悉一些销售统计方法，对工作认真负责，学习和适
应力强，亲和力强，为人和善，熟练操作相关办公软件。

实习经历

2014年7月—2014年9月   公司名称：××有限公司
◆ 实习岗位：销售部促销员
◆ 工作内容：公司产品超市促销

2017年7月—2017年9月   公司名称：××有限公司
◆ 实习岗位：销售部销售助理
◆ 工作内容：销售数据统计分析及部门相关辅助工作

教育背景

毕业院校：美国××大学   （本科）
专业：市场营销
时间：2011年9月—2015年7月

毕业院校：美国××大学   （硕士）
专业：大众传媒
时间：2015年9月—2018年7月

当 Joy 把简历不断投向自己心仪的公司时，它们却如石沉大海般，杳无音信。到底问题出在哪里了？是简历写得有什么问题吗？

那么 Joy 该如何撰写一份充分突出自己优势的完美简历呢？接下来我就从两个方面来和大家分享如何有效撰写一份简历。这两个方面分别为：不同性格类型偏好的人在撰写简历时的区别、打造完美简历的关键点。

不同性格类型偏好的人在撰写简历时的区别

1. D 型人和 I 型人撰写简历时的区别

D 型人和 I 型人在撰写简历时也会体现出不同的风格。

在撰写简历时，D 型人往往喜欢简单直接地表达出自己的学历背景和工作经验，包括自己的长处或是短处，因为他们认为只有这样才是诚实负责的。D 型的人的简历通常具备如下特征：

> ★语言叙述言简意赅，不拖泥带水、啰啰唆唆。
> ★表达直截了当，不夸大，不隐瞒。
> ★好的简历不在乎有多详细，而在乎把事情说清楚。
> ★直接表达自己喜欢的企业文化和意图从事的岗位。

在撰写简历时，I 型的人往往不会清晰地写上自己曾经获得的业绩和不足，因为他们认为只有在未来的实际工作岗位上的表现才能证明自己的实力，简历只要把自己的基本情况详细介绍清楚即可。

I 型的人的简历通常具备如下特征：

★语言表达平淡，叙述无起伏，让面试官难以理解内容重点。

★表达方式间接、委婉。

★认为好的简历就应把各方面的事情叙述得越详细越好，便于面试官全面掌握自己的信息。

★对于自己喜欢的企业文化和意图从事的岗位没有清晰的界定。

综上，D 型的人和 I 型的人，在撰写自己简历时都有不同的特点和书面表达方法。一个关注内容的清晰明了，一个关注内容的详细丰富。

2. R 型人和 E 型人在撰写简历时的区别

对于 R 型的人来说，他们认为撰写简历时务必保证内容之间具有严谨的逻辑关系，同时格式清晰整齐。E 型的人则认为简历只有写得与众不同才能脱颖而出，吸引面试官的眼球，从而提高参与后续面试的概率。

与 D 型和 I 型之间的性格类型偏好差异相比较，R 型和 E 型之间的性格类型偏好差异更导致了简历框架、结构、内容的截然不同。

R型人的简历通常具备如下特征：

★结构严谨，每项按部就班地排列整齐。

★思路清晰，逻辑性强。

★各项分别用数字标出顺序，内容能用数字说明的就用数字说明。

★所有字词经过仔细推敲，用词准确，没有歧义。

E型人的简历通常具备如下特征：

★多用形容词、感叹词表达自己对应聘职位的渴望。

★写很多自己的优势，而很少表达缺点。

★从"工作经历"一栏中，可以看出过去服务的公司或任职的岗位变换相对频繁。

★强调对企业文化和人际关系和谐的重视。

打造完美简历的关键点

1. 态度端正

由于面试官每天要面对大量的简历，对于他们来说筛选简历的第一步就是要迅速把不符合基本条件的求职者排除掉。除了一些硬件条件，比如将学历、年龄、工作经验、薪资要求等作为排除的基本要素，求职者的态度是否端正也是一个非常重要的条件，那么如何从简历中判断求职者的态度是否端正呢？

对于具备如下特点的简历，即可以被判断为求职态度不够端正。（1）个人信息残缺不全，使用的标点符号有明显的网络用语痕迹；（2）描述的口吻完全口语化，或是采用缺乏自信及偏向消极的语言；（3）添加的照片是大头贴或是不规范的自拍；（4）各项信息没有内在的逻辑性，甚至在简历中表达出"只要给工作，我什么都能做"的倾向。在这里，我要着重强调关于"期望从事职业"一栏的填写。很多求职者在该栏处填写若干个，甚至完全不相关的职业。对于这些求职意愿不明确的求职者，面试官有理由相信，一个不知道自己会做什么的求职者，一定不清楚自己擅长什么，也无法做好分配给他们的工作。他们同样相信，一个认为自己什么都能干的人实际上恰恰什么也干不好。上述这些都会暴露出求职者漫不经心的态度。

因此我建议：在写简历的时候，选一个可以静下心来的场所，保持愉快的心情，梳理好思绪。你要认真去思考：你要什么样的工作？你有什么样的优势？你有什么样的发展计划？你自身的条件与希望应聘职位的各方面要求的匹配度是多少？

而不是不经过思考简单将自己的经历和信息全部填进各种表格中，让面试官来判断你能做什么。你需要思考、提炼和总结，给出一个肯定和结论性的答案。认真对待你的简历，面试官就一定能够感受到你的真诚和专业。

2. 避免冗长

求职者撰写简历有这样的"顺口溜"：博士生一张纸、硕士生几页纸、本科生一叠纸、大专生一摞纸。求职者生怕简历薄，不够分量，引不起面试官的重视。殊不知看简历的大多是工作繁忙的企业领导和经理们，面对那些冗长、空洞的简历，如不能够及时了解求职者的关键信息，往往会来不及看完开头就将那些简历扔到了一边。所以，撰写简历还是以简洁精练、重点突出为好。那种热情洋溢、用词华丽、修饰冗长的自荐信的唯一作用就是妨碍面试官尽快找到你简历的关键要点。

通常，简历的长度不能超过两页纸，我们长期的统计和调研发现，任何求职者的简历都可以浓缩到两页纸上，而且这个篇幅足够容纳个人的经历，因为人生每一个阶段目标不同，个人展示的侧重点也会有很大变化。因此好的简历必须结构完整、表达专业，并且谈及的内容与你谋求进入的行业、企业、职位一致。总之，要确保你的简历能够使面试官在30秒内判断出你是否可以进入下一步面试。

3. 避免虚夸，亦无须过谦

有的求职者错误地认为简历写得越虚夸越好，知识无所不懂，技能无所不通，极尽夸饰，任意拔高。其实，脱离自身能力的虚夸，往往适得其反，会给面试官留下不诚实、不踏实的印象；尤其到了面试时，张口结舌，与简历所述严重不符，给人金玉其外的感觉。没有一个公司喜欢说谎的员工，但也没必要写出你所有真实的经历，对你求职不利的经历可以不写。

有的求职者从一个极端走向另一个极端，简历写得过于谦虚。行文小心翼翼，措辞扭扭捏捏，胆小怕事，缺乏自信。面试官看了，还以为你真的"没料"，会对你能否胜任工作产生怀疑，最终导致与成功失之交臂。所以，简历应该以实事求是为基础，既要朴实无华，又要彰显优势。从简历的英文表达"resume"中可以看出，简历"resume"一定要强调"me"，适当突出个性是十分需要的，这既是自信的表现，同时也是对面试官的一种尊重。

4. 避免遗漏要点

有的求职者，尤其是刚刚毕业的求职者，缺乏社会经验，写简历时眉毛胡子一把抓，无关紧要的内容写了一大堆，反而捡了芝麻，丢了西瓜，把真正的要点遗漏了。一份简历通常要写明：求职意向、自我评价、个人基本情况、教育经历、工作经历、获奖状况、培训经历、爱好或特长等。这些要点遗漏了，就会给求职者带来麻烦和损失。在上述项目的描述过程中有几点注意事项需要提醒大家。

自我评价

"我叫某某，来自农村，从小养成吃苦耐劳的习惯……""内外兼备，静若处子，动如脱兔，有较好的沟通能力和亲和力……""本人性格开朗，待人友好，有集体荣誉感，认真负责……"类似上述的自我评价过于主观，缺乏说服力，而且与目标职位相关度不高。

面试官希望通过"自我评价"来了解你与职位的匹配程度，以及你是否具备相应的核心素质。比如你应聘平面设计师，你可以在自我评价中体现出：

★ 熟练使用 Coreldraw、Photoshop、Illustrator、Flash、3D 软件；

★熟练操作苹果系统，熟悉包装材料及印前工艺；

★擅长平面设计，有××作品发表在××刊物上；

★四年正规大学艺术设计本科毕业，成绩排名××位；

★自幼（如5岁）学习绘画，具备良好的美术功底。

上述这些契合职位要求的自我评价，既体现了你的专业知识／能力，也体现出了你自信的性格特征，这些才是面试官想要看到和了解的内容。

工作经历

这里应着重写最近的工作经历，一般来说面试官只对最近5～10年的工作经历最感兴趣。一份好的简历，看起来就像一个倒金字塔：最近的经历应最详细，所占篇幅最多，而其他早期的工作经历简单提及即可。

同时在描述工作经历时，要写清楚你的工作职责及取得的成就。

职责是指你任职期间所承担的工作任务，此处用简明的动宾词组说明即可，例如：负责北京地区的产品推广工作。而成就则是你经过努力后所取得的成绩，对于成绩能用数字说明的即用数字说明，例如：销售额较上年同期增长35%、市场占有率较上个季度增长10%等；不能够用数字说明的可以用效果或是客户、领导、同事的反馈评价来说明，例如获得客户的书面认可和表扬。

    培训经历

面试官看的不是你究竟参加过多少培训，而是想通过这部分的表述了解到你是否具有良好的学习能力及积极向上的追求。比如专业知识培训、职业指导培训、考取执业资格证书、外语培训、拓展培训等。这块内容应结合自己的职业目标，有针对性地突出培训对自己职业方面的提升及为未来职业目标所做的积累和准备。

5. 避免喧宾夺主

有的求职者为了突出自己一专多能，在写简历时，主次不分，轻重无别，甚至把业余爱好浓墨重彩地展示出来，喧宾夺主。比如我曾经看过一份会计的简历，在"爱好或特长"一项下没有突出自己应聘会计所具备的良好分析能力，而写上了已考取驾驶执照。这样就会使面试官看后不着边际，搞不清你的特长和优势到底是什么。在今天的中国，具有驾驶执照已经再也无法成为应聘的优势所在，而且其本身和会计工作是毫无关联的。所以，写简历一定要重点突出，主次分明，以便人尽其才。

6. 避免书面差错

现在，求职者写简历多是电脑打印，简历写完后，一定要调整格式，符合行文规范，选择适当字号和字体（中文采用宋体或楷体，英文则采用 Arial 或 Times New Roman 字体），使版面整洁、美观；然后要反复检查，认真校对，避免错别字和逻辑不通的问题；最好征求朋友和家人的建议，反复修改后定稿，再发给要应聘的企业。

经过多方的信息搜集、总结分析和学习，Joy 重新改写了自己的简历。读者可以在看完后，对比一下前后的差异。

本人概况

姓名：Joy Wang
性别：女
民族：汉
专业：市场营销/大众传媒
手机：***********

出生日期：****年**月**日
户口：北京
政治面目：群众
学历（学位）：研究生（硕士）
E-mail：********@**.com

求职意向

期望工作性质：全职
期望从事职业：人力资源、行政、销售、市场
期望从事行业：快速消费品（食品/饮料/烟酒/化妆品）、IT服务（系统/
数据/维护）/多领域经营、保险、金融/银行/投资/基金/
证券、咨询/管理产业/法律/财会
期望工作地区：北京
期望月薪：5000～7000元/月
目前状况：应届毕业

自我评价

1. 熟练使用Excel、SPSS统计分析软件
2. 助理商务师
3. 正规大学市场营销专业毕业，连续4学年获得一等奖学金
4. 扎实的专业知识和4个月相关实习经历
5. 良好的学习和适应能力、优秀的分析能力
6. 良好的英语听说读写能力（CET-6）

实习经历

公司名称：××有限公司（2014年7月—2014年09月）
实习岗位：销售部销售助理

工作内容：
1. 销售数据管理
   数据收集核对：华北地区销售人员（约400人）月度销售数据的收集及
   核对。数据汇总分析：上述数据的分类汇总分析，为销售经理日常管理
   提供参考依据。
2. 其他相关辅助工作
   培训组织协助：协助销售经理做好部门内部员工培训场地的布置及相关
   培训资料的印刷及发放。
   部门助理：整理部门档案、资料等相关辅助工作。

公司名称：××有限公司（2017年7月—2017年9月）
实习岗位：销售部销售助理

工作内容：超市产品相关管理，参与促销活动、超市产品的摆放和整理。
主要业绩：1．系统学习超市促销流程。
　　　　　2．促进产品销售。

教育背景

毕业院校：美国××大学　　　　　　　　（本科）
专业：市场营销
时间：2011年9月—2015年7月

毕业院校：美国××大学　　　　　　　　（硕士）
专业：大众传媒
时间：2015年9月—2018年7月

当简历改好后，Joy 经过对比，发现前后两份简历最大的区别就是，后一份逻辑结构清晰、重点内容突出。然后 Joy 通过在网站上有针对性地寻找后，发现一家自己喜欢的互联网大厂正在招聘负责数据统计分析工作的销售助理。在仔细研究了所投职位的具体内容和任职资格后，Joy 根据自身的情况进行了有针对性的投递。随后，她获得了面试的机会……

总之，在你想敲开你中意的企业大门时，一定要认真撰写你的简历。简历编写的核心原则就是：深刻理解目标职位的要求，突出自身综合素质的优势，像命题作文一样撰写你的简历，这样才能牢牢抓住面试官的眼球，在众多简历中脱颖而出，争取到能够进一步展示你才华的面试机会。

♥ 小结：撰写简历的要点

针对简历的撰写，我们要再重点分析一下不同性格类型的人在写简历时应该关注哪些内容（见图 2-2）。

孔雀型（表达型）

应注意避免使用过于华丽的词汇，以及过于情感化的描写，同时还要注意简历结构的逻辑性及不同内容之间的关联性。

老虎型（推动型）

突出自身以往经历的挑战、取得的成就及各方面获得的提升，但同时注意保持相对谦虚和诚恳的态度。

猫头鹰型（分析型）

发挥自身良好的逻辑分析能力以使简历结构清晰、整齐，但同时注意不要过于冗长和啰唆，突出自身优势与所应聘职位的匹配度。

小浣熊型（友善型）

发挥自身虚心谨慎的特点，但同时注意不要过于谦虚，突出以往承担的重要责任及取得的成绩。

感性

小浣熊型（友善型）	孔雀型（表达型）
突出业绩、避免过谦	避免使用过于华丽的词汇、注意逻辑结构
猫头鹰型（分析型）	老虎型（推动型）
避免冗长、突出职位匹配度	适当谦虚、重点举例

间接　　　　　　　　　　　　　　　　　　　　直接

理性

图2-2　不同性格类型的人撰写简历的要点

03
高效的面试技巧

在日常工作中，总有许多即将参加面试的同学有类似下面的问题：

"我怎样才能在面试一开始就给面试官留下良好的印象？"

"我怎样才能在面试中，利用短短的几分钟充分展示我的才华？"

"我怎样才能在面试中进一步了解所应聘公司及职位的详细情况？"

"面试结束后，等多长时间还没有企业的反馈，我就可以主动询问一下？我是不是应该主动询问呢？"

"面试时，我应该如何根据面试官的问题调整自己的回答和状态？"

面试官中的"灭绝师太"

Joy 从美国一所著名的大学硕士毕业后回国找工作。第一次参加面试的公司是一家心仪已久的互联网大厂，岗位是销售助理。当时的面试官是公司的销售总监Fiona，是 Joy 所应聘职位的直属上司。由于 Joy 初中就去了美国读书，而且刚刚回国，对国内的一些情况还处在一个适应期。而且此前听很多同学说，目前留学生大批量回国，找工作并不像以前那么容易。而且不知道从什么时候开始，国内很多企业并不认为留学生比国内学生有特别的优势，且认为留学生不了解国内情况，工作时不接地气。经过了一番精心准备，Joy 怀着忐忑的心情开始了面试的开场。

面试官："Joy，你好，我叫 Fiona，下面请你简单介绍一下自己的学习经历。"

Joy："Fiona，你好，我小学就读于北京市西城区某某小学，在小学期间我的语文成绩一般，但是数学成绩非常好。此后，考虑到我未来长远的发展，父母就送我到美国读书了。"

刚说到这，Joy 感到对方的表情中显出了一丝不快。果然，面试官略带不耐烦地说："Joy，能否请你从大学开始说起？"Joy："好的，Fiona，我大学本科时就读于美国某某大学，硕士就读于一所常青藤学校。我的本科专业是市场营销，硕士专业是大众传媒。在上学期间，由于我刻苦学习，我在大一的时候获得了二等奖学金，在大二的时候获得了一等奖学金……"这时 Joy 感到了更大的不耐烦挂在 Fiona

的脸上。虽然声音不高,但是仍然能够听出她斩钉截铁的语气:"Joy,不好意思,我今天临时安排了一个重要的会议,实在没有时间听你介绍得这么详细。你看这样好不好,你今天先回去,我这边让秘书再安排一次比较充裕的时间,届时我们再详细沟通。那我们今天的面试就先到这里,谢谢你对我们公司的关注和你今天的时间。"

本来已经很紧张的 Joy 一时语塞,此前准备的一切都被打乱,结果可想而知,应聘成功的概率恐怕是微乎其微了,而且估计还落了个啰唆的名声……从以上的例子中,我们可以判断 Joy 是个猫头鹰型的人,猫头鹰型的人做事喜欢循规蹈矩、按部就班,在叙述一件事情的时候喜欢从头到尾,按照自己预先设定的逻辑顺序娓娓道来,而通常很少关注聆听者的感受。本案例中的 Fiona,从语气和措辞上我们可以大致判断是个老虎型的人,老虎型的人不善于倾听,对琐碎的事情容易没有耐心,他们通常会更加关注事情的关键点及结果。

如果面试刚开始,你无法判断对方是何种类型的人,那么自我介绍通常以简单、清晰的方式大致表达即可。比如:"Fiona,您好,我本科和硕士分别就读于美国某某大学和某某大学,我的专业是市场营销和大众传媒。在上学期间,由于我刻苦学习,连年获得奖学金。通过系统的学习,我非常喜欢我的专业,因此在未来我也希望能够在相关领域工作并成长,这也是我应聘贵公司市场助理的原因。我的介绍完了,谢谢您。"

如果接下来,对方针对你以往学习经历中的细节进一步提问,你可以再适当介绍得详细一些。比如："Joy，请你介绍一下在大学期间，你的哪门课学得最好，为什么？"这时再细说也不迟。

同时也要主动询问一些关于应聘公司和职位的情况。这一方面表明了你对该公司和职位的兴趣，另一方面你也可以根据对方的回答，对面试官的性格有所判断，从而为更进一步地展现自己的综合素质做好准备。

那么Joy该如何在面试过程中充分体现自己的优势及与职位的匹配度呢？接下来我就从两个方面来和大家分享。这两个方面分别为：不同性格类型偏好的人在面试时表现的区别、完美面试打造卓越自我。

不同性格类型偏好的人在面试时的区别

1. D型人和I型人在面试时的区别

D型人和I型人在面试时会采用不同的表达方式。如果候选人与面试官的性格类型偏好相反，会导致面试过程中的沟通不畅。因此候选人在面试过程中的沟通应该一方面通过适当的表达以发挥自己的优势，另一方面要更关注面试官的表达方式并注意倾听。

在面试时，D型的人往往喜欢主动表达自己各方面的优势，因为他们觉得只有利用这短短的时间充分表现自己才能获得面试官的认可。D型的人喜欢如下的表达方式：

★针对您提出的问题，我的看法是这样的……

★我的离职原因是我认为在现在的公司没有任何的发展空间。

★我喜欢公平、公正、公开的企业文化和领导风格。

★我希望在新的岗位上能够不断得到认可和发展。

在面试时，I型的人往往不善于表达自己，同时对于对方的提问喜欢采用间接的反馈和答复。I型的人喜欢如下的表达方式：

★针对您提出的问题，我的答案还有很多考虑不成熟的地方，如果您不介意的话，我和您汇报一下我的想法。如果有说得不妥的地方，还请您见谅。

★其实我还是非常喜欢我现在的公司和岗位的，我寻找新工作的原因，主要是希望遇到更好的发展平台，以充分发挥自己的优势，为新公司的发展贡献自己的力量。

★我喜欢具有良好人文关怀的公司文化，希望公司做决策时能够给予综合考虑。

★我希望在新的岗位上通过自己不断的努力，取得持续的进步。

综上所述，对于D型的人和I型的人，他们面试时都会有自己不同的沟通方式。一个勇于表达但不善于倾听，一个善于倾听却不善于表达。

2. R型人和E型人在面试时的区别

对于R型的人来说，他们认为面试过程应该是严肃紧张、有序表达和倾听对方想法的过程，通过严谨的交流才能让双方更好地加深了解和判断。E型的人则认为面试过程应该是个和谐的感情交流过程，只有双方的沟通保持愉快的氛围才能为将来做好工作奠定基础。两者的核心区别导致了这两种类型的人在面试时所采用的沟通方式有着完全不同的行为展现。与D型和I型之间的性格类型偏好差异相比较，R型和E型之间的性格类型偏好差异则更导致了面试时交流风格的截然不同。

R型的人喜欢的交流和表达方式如下：

★我之所以认为我适合这份工作，具有充足的理由：第一……第二……第三……

★在面试之前，我详细地了解了贵公司的情况，贵公司是一家在美国纳斯达克（NASDAQ）上市的公司，在行业处于领先的市场地位。从贵公司公布的财务报表中，我看到2019年的销售收入是……

★我在过去的一年中取得了不错的业绩，我所负责的销售团队的年度达成率是118%，超过了公司整体达成率。

　　★通过对比分析，我认为贵公司的产品较之竞争对手的产品具有如下的优势：第一……第二……第三……

而 E 型的人喜欢的交流和表达方式如下：

　　★我觉得我非常适合这份工作，因为我特别喜欢，我会努力的。

　　★我认为贵公司是一家非常优秀的公司，听说在2011 年取得了非常好的成绩。

　　★我在原公司 2011 年的销售业绩非常好，超出了公司的平均水平。

　　★我觉得贵公司的产品能够很好满足客户的需求，这一点比竞争对手的产品做得好很多。

完美面试打造卓越自我

1. 面试到底考察什么

就像本书在前文中提到的，决定员工绩效优劣的综合因素称之为素质，那么在面试过程中就要针对这些素质进行相应的测评和考核。素质包含了三方面的因素：知识（专业知识、通用知识）、能力（衍生能力、通用能力）、人格（性格、动机）。因此求职者务必清楚地了解自己在上述三个方面的优势及不足，同时更要了解所要应聘职位在上述三个方面的要求，用自身的综合素质与这些要求进行对比，然后有针对性地在面试之前进行充分的准备。

2. 各种面试工具大揭秘

表 2-3 中所列的就是在本书开始部分提到的面试工具，这些工具根据其效度的不同，被企业运用到不同的面试职位和面试环节中。

表2-3 各项面试工具效度

序号	方法／工具	效度
1	评价中心	0.65～0.85
2	关键事件访谈（BEI/STARs）	0.48～0.61
3	工作样本	0.54
4	通用能力（IQ）测试	0.53
5	性格／动机测试	0.39
6	（简历）背景资料分析	0.38
7	推荐信	0.23
8	非行为化访谈（漫谈）	0.05～0.1

其中，由于第六、第七、第八项的面试方法效度较低，因此绝大多数正规公司都不会采用。下面我们就一起来看看其他几个有效面试工具的理论基础及应用重点在哪里。

（1）评价中心

评价中心是将若干种面试方法根据面试的需要进行有效的整合，从而更加全面地考察求职者各方面综合素质的一种面试方法。它除了包含关键事件访谈（BEI/STARs），还包括无领导小组讨论、文件筐、角色扮演、管理游戏、演讲答辩、现场模拟、案例分析等。这些方法可以针对求职者的知识、能力、人格进行全方位的考察。具体内容就不在此处一一赘述了，大家可以在其他的参考书中找到。

（2）关键事件访谈（BEI/STARs）

关键事件访谈以结构化面试为核心技术，运用行为事件访谈法（BEI）的技巧，观察求职者在岗位上经历过的具有代表性的典型事件，或设计一些关键行为事件，分析求职者在事件中与工作绩效直接关联的具体行为和心理活动，从而对某些素质做出评价。其主要应用于对衍生能力、性格和动机的考察。而 STARs 即：situation，应聘者所面临的情景；task，应聘者所承担的任务；action，应聘者所采取的行动；result，应聘者采取行动后的结果；self-reflection，应聘者从该事件中学到了什么。

该测试方法的关键点在于：所有问题都是针对与工作相关的素质和标准的；针对所提出的问题要求应聘者提供真实具体详细的案例来描述其在当时情景下所展示出（或未能展示）的行为，进而对照应聘岗位的要求对应聘者相对的优势和劣势做整体了解。

它的理论基础是通过了解应聘者过去的行为表现来预测其未来

的行为能力。一个人在过往工作中的行为表现，是相对可靠的预测他将来在工作中表现的依据。

回答该类问题的技巧在于，针对每一个问题都要遵循STARs的原则进行回答，这样的答案才能作为面试官判断的依据，否则面试官就会根据求职者回答中所缺失的部分进行不断追问。大多数面试官和求职者通常只知道前面"STAR"这4个要素，却往往忽视了后面还有一个小"s"，然而这个小"s"却是非常重要的。因为古往今来在自己所从事的领域里取得一定成就的人，均是那些善于自省的人。一个人成功过，没什么了不起，了不起的是他能知道为什么成功；一个人失败了，也没什么大不了，可惜的是他不知道为什么失败。只有那些不断总结自己成功和失败经验的人才能勇往直前、所向披靡。

下面列举了一些在工作中需要的关键衍生能力以及通常面试官会问的问题来考察这些能力。衍生能力是指通过后天（12岁以后）持续锻炼和学习的、能够更好地结构化运用知识完成某项具体工作的技巧，比如主动性、关系建立、自信、团队合作、人际理解与沟通、判断能力等。

主动性：重点在于采取行动，即在没有人要求的情况下，付出超出工作预期和原有层级需要的努力，通过这些付出可以改善并增加效益，避免问题的发生或创造出一些新的机会。

举例：

问题1：请你讲述一个采取行动，改善自身的技能或工作表现的实例。

问题2：你是如何获得上一份工作的？

问题3：请讲述一个你决定立即采取行动解决问题，而不等他人接手的实例。

关系建立：指与有助于完成工作相关的人建立或维持友善、良好的关系或联系网络。

举例：

问题1：在上一份工作中，你是如何巩固与客户之间的关系的？请举例说明。

问题2：在上一份工作中，与你合作时间最长的客户是哪家？你是如何与客户建立牢固的合作关系的？

问题3：在以往的工作当中，你是如何与竞争对手的客户建立合作关系的？

自信：指一个人面对挑战或各种挫折时，通过采取某种手段完成任务或解决问题所表现出来的信念。自信是大多数接触表现者具备的一项素质。

举例：

问题 1：在上一份工作中，你认为你的优势在哪里？劣势在哪里？

问题 2：在上一份工作中，你的上司是如何评价你的？你的同事又是如何评价你的？

问题 3：在以往的工作中，你做过哪些努力来弥补自己的不足？

团队合作：指与他人通力合作，一起工作，而不是分开工作或相互竞争。

举例：

问题 1：对于相处起来不太融洽的同事，你是如何对待的？

问题 2：作为一名经验不多的员工，你是否接受过同事的帮助，情形是怎样的？或者作为一名经验丰富的员工，你是否给新同事提供过帮助，情形是怎样的？

问题 3：你的团队去年年初时计划要达成哪些目标？年底是否达成？你们是如何达成目标的？

人际理解与沟通：人际理解力表示一种想去理解他人的愿望，能够帮助一个人体会他人的感受，通过对他人语言、动作等的理解，分享他人的观点，把握他人没有表达的疑惑和情感，并采用适当的语言帮助自己和他人表达情感。

举例：

问题 1：作为销售，客户和你抱怨你们公司产品的价格比竞争对手的贵（或质量不如对手好）时，你是如何做的？

问题 2：当你与别人合作时，你如何判断对方是否愿意和你合作？如果合作过程中发生分歧，你该如何调整？

问题 3：你通过什么方法了解他人意图？

判断能力：指一种理性的、客观的、无偏见的采取行动、决策的能力，或说服 / 影响他人接受某一观点、推动某一议程或领导某一具体行为的能力。

举例：

问题 1：你为什么要应聘现在这份工作？

问题 2：如果今天没有录取你，你认为会是哪些原因造成的？

问题 3：你根据哪些情况对新环境做出判断？

（3）通用能力（IQ）测试

在先天或早期（通常指 12 岁以前）形成的、在后天很难习得／改变的、最基础的能够结构化地运用知识完成某项具体工作的能力，简言之就是智商（IQ），比如：言语理解、数字运用、演绎推理、图形推理、问题解决、资料分析等能力。

言语理解：考察被测者对语言、词句的意思及隐含信息的理解、运用以及一个人的文化素养，要求被测者具有言语分析和理解能力，以及语法功底和文字处理能力。该测试维度得分较高的被测者，表现为能够迅速、准确地领会工作意图，有效地进行人际沟通；反之，表现为语言表达能力不佳，词不达意。

> 放风筝时，人们（　　）自己的作品摇曳于万里晴空、蓝天白云（　　），欣慰、恬静、平和之情（　　）。这种精神状态有益于高级神经活动的调节，能健全和强化神经系统支配下的组织、脏器的生理机能。
> A．凝视　之上　油然而生　B．仰望　之间　油然而生
> C．仰望　之间　涌上心头　D．凝视　之上　涌上心头

数字运用：考察被测者对数字规律、基本的数量关系的理解，把握事物间量化关系和解决数量关系问题的技能，涉及对数字和数据关系的分析、推理、判断、运算等能力。数量关系测验包含速度与难度双重检验标准：在速度方面，要求被测者反应迅速，思维敏捷；在难度方面，考察被测者对数字规律的发现和把握。

请在下面括号中填入适当的数字。

2，6，6，12，10，18，（　），24

A．14　B．20　C．8　D．16

演绎推理：考察被测者对各种事物关系的理解、比较、组合、演绎和归纳等分析推理能力，即根据现有条件得出结论，进行判断，该测试维度是语言逻辑最重要的内容。该测试维度得分较高的被测者，能顺利地完成各种工作文稿的撰写或论述；反之，很难胜任需要大量文字编撰的工作。

在经历了全球性的股市暴跌行情之后，某国在新闻发布会上宣称，他们的股市之所以会受到全球性行情暴跌的冲击，是因为最近国内部分公司实施非国有化的步骤过快。

假如以下是可操作的，最有利于评价上述政府的宣传是（　）。

A．从宏微观着手，对该国企业最近的非国有化进程的积极影响与消极影响进行对比。

B．把该国受这场股市暴跌的冲击程度，和那些经济情况和该国类似，但最近没有实行企业非国有化的国家所受到的冲击程度进行对比。

C．把该国受股指行情暴跌的影响程度，和那些经济情况和该国有很大差异，但最近同样实行了企业非国有化进程的国家所受到的影响程度进行对比。

D．计算出这场股市暴跌行情所导致的该国个体企业亏损的平均值。

图形推理：考察被测者从复杂的、具体的事物中找寻规律，并根据其规律、趋势等进行预测的抽象推理能力，该测评维度还能够考察出一个人对事物本质的认知能力，对事物变换所反映出的内在规律的敏感性，以及对事物发展规律的抽象和概括等逻辑分析能力。

请按照每道题目的要求，从给定的选项中选出最符合题目要求的一个。

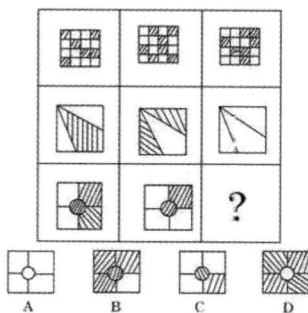

问题解决：考察被测者的创造性思维和实际操作能力，该测试维度涉及对问题情境的正确理解、对知识的灵活运用、对常识的判断等综合层面，该测试维度得分高低可以反映出被测者的整体心智发展水平。

将 15 个蓝色球和 15 个黄色球混合后再分成数量相等的两堆，请问左边一堆里的蓝色球与右边一堆里的黄色球哪个多？（　）

A. 一样多　　　B. 黄球多

C. 蓝球多　　　D. 条件不足，无法判断

资料分析：考察被测者从繁杂文字材料或图表中找出所需关联信息，并快速筛选信息和分析信息的能力。该测试维度得分较高的被测者，能对工作指令进行准确理解并做出综合分析、加工处理，得到较好的结果；反之则经常会断章取义，达不到预期的工作目标。

由于家庭负担过于沉重、养老机构不愿接收，我国3300 万名丧失生活自理能力的老人（称为"失能老人"）"失落"重重。

我国首次"全国城乡失能老年人状况研究"显示，2010年末全国城乡部分失能和完全失能老年人约有 3300 万，其中完全失能老年人 1080 万，占家庭居住老年人口的 6.4%。预计到 2015 年，我国部分失能和完全失能老年人将达 4000万人，其中完全失能老年人口将超过 1200 万人。在我们这个老年人最多的国家，越来越多失去自理能力的空巢老人，正在考验养老体系的建设，也使得养老问题更加凸显。不少专家建议，应构建社会支持网络，确保"老有所养"。

据此新闻，人民网发布调查："我国3300万失能老人养老院不愿接收，您怎么看？"

截至2012年7月26日23时30分，共有4780人次参与，其中：65.8%的网友（3145票）建议应设立专门为失能老人服务的养老机构；24.7%的网友（1180票）表示反对，认为养老院应履行社会责任，不能差别对待；7.9%的网友（380票）表示理解，失能老人难护理，养老院收容压力大。此外，还有1.6%的网友（75票）选择'其他看法，我有话说"。

（4）性格/动机测试

性格： 指个性、身体特征对环境和各种信息所表现出来的持续反应。性格测试的方式及目的就是贯穿本书的重点内容，因此不在此处详述。

动机： 指一个人对某种事物持续渴望，进而付诸行动的内驱力。通常包括成就动机测验、职业倦怠测验、应对方式测验、心理健康测试，这些测试着重考察了求职者在内心深处对自身未来发展的持续性。

成就动机： 是指当个体用比较高的社会标准来评价自己的行为成败时所表现出的动机，是一种稳定的人格特质或内在的心理倾向。该测试可以用于人才选拔、晋升，以及对个人发展动机和意愿的考察。

职业倦怠： 是指人们对工作中持续不断的情绪和人际关系压力的一种长期反应。它是指人们在紧张与忙碌的日常生活及工作过程中的情绪感受会随着大环境的变动，因而呈现出一种身心紧张或调试不当的负面行为。该测试可以用于组织的人才选拔、晋升，以及对个人发展动机和意愿的考察。

应对方式：是指介于应激源与人的身心健康之间的中介机制。当采取良好的应对方式时，有利于心理健康的维护；反之，则有损于心理健康。该测试可以用于预测工作满意度和工作绩效，以及主要用于组织诊断和发展、职业倦怠的预防和矫正。

心理健康：测验从身体症状、饮食、睡眠、感觉、思维、情绪、意识、行为习惯、人际关系等多方面，对个体的心理症状进行评定。测验对临界心理状态的人群和已经处于心理障碍的人群有良好的识别能力，并且可以评估其心理问题的严重程度。该测试可以用于医院临床检查患者是否存在身心疾病，也可以供用人单位对员工和应聘者进行身心健康的检查，或者用于预测工作满意度和工作绩效，以及职业倦怠的预防和矫正。

3. 如何应对"难缠"的面试官

通常有几类面试官会让求职者感到难以应付，大致概括起来有几类。

强大气场型：每个人都是有自身气场的，一般职位较高或是在专业领域具备深厚基础的人气场相对较强，坐在他们对面的求职者会感受到较大的压力。

咄咄逼人型：这类面试官通常提问刁钻，求职者无论怎么回答都不会从他们的脸上看到满意的微笑，甚至他们会还没等求职者完整地回答完一个问题，就不断地追问。

趾高气扬型：这类面试官通常用鼻孔看求职者，一副漫不经心又盛气凌人的发问态度，而且还时不时对求职者的回答嗤之以鼻。

无论求职者遇到哪类难缠的面试官，均不要紧张，求职者只要事先认真准备，面试时按照STARs的回答原则，保持不卑不亢的态度即可，以胸有成竹的"不变"去面对"万变"的面试官。

4. 面试的完美收官

面试接近尾声时，无论求职者对此次面试的感受如何，都要做到以下几点：

（1）礼貌地感谢面试官给予的这次面试机会。

（2）认真地询问此次面试结束后，下一步的时间安排和大致内容。

（3）起身握手致谢，将椅子恢复原状，并将自己的水杯带走。

5. 面试后应该做什么

面试后通常需要等待2周左右的时间，才会接到复试的通知，如果没有接到复试的通知也不必在一棵树上吊死，而且大多数公司是不会通知没有进入复试的求职者的。在等待期间，很多求职者都会因为着急而贸然打电话询问面试的结果，这个动作根本不需要做，因为这通常是没有意义的，得到的回答也大都是冠冕堂皇的套话。

小结：面试的要点

针对面试过程中的关键问题及注意事项，我们要再重点分析一下不同性格类型的人在面试时应该如何加以特别的关注（见图 2-3）。

孔雀型（表达型）

应注意避免回答问题过于笼统和情绪化，注意语言前后的连贯性和逻辑性，同时不要受面试官的情绪影响，避免使自己的情绪处于较大波动状态。

老虎型（推动型）

善于突出自身以往优秀的工作表现和业绩，思路清晰，不拖沓，但同时不要让面试官感觉你的态度高傲，甚至有些侵略性。

猫头鹰型（分析型）

发挥自身良好的逻辑分析能力以使语言结构清晰整齐；但同时注意抓住关键点，突出自己以往在学校及过往单位的工作业绩。此外还要注意和面试官有适当的眼神和情感的交流，防止自说自话。

小浣熊型（友善型）

发挥自身虚心谨慎的语言特点，保持和面试官沟通的流畅性，避免冷场，但同时注意不要过度谦虚，以免让面试官认为你的素质与职位相去甚远，从而丧失良机。

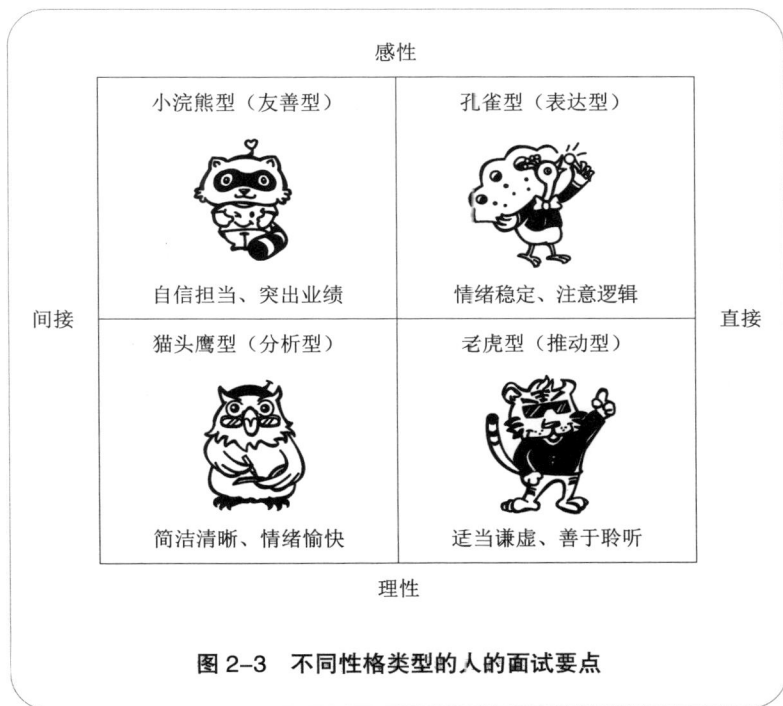

图 2-3　不同性格类型的人的面试要点

第 3 章

打造职场适应力

01

不做团队中的异类

　　总有许多刚刚参加工作或者跳槽的同学，在面临一个新的环境、一位新的领导、一群新的同事时感到不知所措，不知如何才能更快地融入这个新的团队。他们的心情既兴奋又忐忑。无论他们觉得自己是社交天才，还是社恐，多少都会在心里有过下面的疑问：

　　"我如何才能以最快的时间取得老板的信任？"

　　"我们部门有个同事好像总和我过不去似的，每次开会我说什么他都反对，我该怎么办呀？"

　　"领导总是把他自己的工作交给我做，也不管我是否忙得过来，我该如何向他说明呢？"

　　"我该如何在保持自己风格的前提下尽快融入这家公司呢？"

　　"部门里有个同事总是叫我帮他忙，开始我都会帮他，但是最近我也特别忙，我该如何拒绝他呀？"

难接触的销售经理

出乎 Joy 预料的是，她竟然加入了自己心仪已久但在面试中表现欠佳的那家公司，她决定努力工作，尽快适应新的环境。Joy 加入公司以后，面对新的环境既兴奋又有些担心：该如何尽快融入这个团队呢？Joy 负责销售数据的统计工作，每天最主要的工作内容就是和各地的销售经理打交道，与他们核对当天的销售数据。在沟通的过程中，Joy 发现有的销售经理非常配合她的工作，而有些销售经理根本不配合她的工作，比如总是不按时交日报表，或者总是计算错误，返给他们修改，便没了下文。过了两个星期，Joy 终于忍不住了，一大早来到 Fiona 办公室。

Joy："Fiona，我实在受不了那几个销售经理了，他们总是不配合我的工作，不是晚交报表，就是交给我的报表上的数据是错误的。"

Fiona："Joy，这就是你的工作，你就是负责统计全国各地销售数据的。"

Joy："是的，Fiona，这确实是我的工作，但是我认为他们应该配合我的工作，按时准确地把他们所负责地区的销售数据报表交给我，这是公司的规定呀！"

Fiona："但是如果他们没有按时交给你或者交给你的数据有错

误，使你不能准时把统计结果交给我，那你怎么办呢？"

Joy："我认为每个人都应该履行他的职责，既然公司规定销售经理交报表的时间标准，那么他们就应该遵守。如果他们不按照要求做，那么会直接影响我的工作，导致我不能按照要求交给你，我也没办法。"

Fiona："Joy，我非常正式地告诉你一个原则，我不管你用什么办法和销售经理沟通，也不管他们是否按照要求交报表，但是你必须严格按照要求把报表交给我，在这一点上没有任何商量的余地。"

Joy："我我我……"

Fiona："你什么你，别抱怨了，有抱怨的时间，还不如快去沟通！"

那么 Joy 该如何尽快地熟悉团队伙伴并真正融入团队呢？接下来我就从两个方面来和大家分享。这两个方面分别为：不同性格类型偏好的人在团队融入时的差别、有效的团队协作方法。

不同性格类型偏好的人在团队融入时的差别

1. 团队无处不在

人类发展至今，越来越多的工作是由大家共同完成的，能力再强的个体在今天这个社会也独木难支。因此无论你在何种公司、社会团体、政府机构担任何种角色、职务，你必将是团队中的一员。

这些团队均是由一些有着共同目标、一起工作、分工不同的成员所组成的。一个团队的成功，不仅仅需要每个团队成员个体的付出和努力，更需要大家的相互了解、相互配合。

对人性的洞悉和了解，可以帮助我们更好地建立一个有效的团队并维持这个团队的长久运作。任何人都应该清楚，在当今激烈的市场竞争环境中，任何公司的成长均来自业务收入的不断增加，同时，成本得以有效的控制。其中对于人力资源成本的有效控制便是最重要的工作之一，同时公司之间的合作和融合也是必然的趋势。比如，以往公司内部相互独立甚至充满矛盾的部门，现在必须合作才能为公司效益的最大化提供支持。比如，以往工厂中的生产部门和质量管理部门貌似是两个相互充满矛盾的团队，因为生产部门的核心目标就是以最小的成本生产最多的产品，而质量管理部门是要严格控制产品质量，哪怕因此提高成本也在所不惜，但是现在这两个部门必须团结一致，在产品的数量和质量之间不断寻找最佳的平衡。过去竞争激烈的公司现在也必须摒弃前嫌、紧密合作，才能生产出大家喜欢的产品。就算是国家之间也必须通过多边或者双边的贸易协定来产生规模效应，共同做大区域或者全球市场。这所有的一切都需要人们以一种新的紧密的方式才可能完成。

从我们以往研究的数据来看，在所有的管理人员当中，老虎型和猫头鹰型的人所占比例最大，但是从性格类型偏好来讲，这两种类型的人却是最不好相处、最难融入团队的。因为对他们来说，凡事必须按照我的规则和流程，这是前提，没有任何回旋的余地。

即使这样，我们仍必须建立合作、有效的团队，但该如何做呢？我们如何才能促使那些性格各异，甚至天生不擅长与他人交流的人们，为团队做出更实际的贡献和努力呢？

团队建设的一个最主要的原因就是人们工作的目的不同。是因为物质还是精神，是因为奖励还是惩罚，不同的人对此各有不同看法。也许你们会认为，既然我加入了这个团队就应该遵守团队的规则，无论是奖励还是惩罚。道理虽然是这样，但由于每个人的性格类型偏好的不同，大家对上述规则的认可和接受程度也是不同的，有的人会心甘情愿地加以认可，而有的人却觉得这些完全没有必要。而且我在前文谈到的身为领导的"老虎"和"猫头鹰"们，往往忽视奖励而更加注重惩罚。他们认为作为一个职业人士，既然在公司工作就应该尽职尽责地完成，并基于此获得工资，这是一场公平的交易，双方各不相欠，为什么要有额外的奖励呢？

在我刚刚参加工作的时候，曾经有一位领导和我说："我们每个人来公司工作既不是来交朋友的，也不是来相互结怨的。最重要的是做好本职工作，你不是人民币，你不需要每个人都喜欢你，当然你也不需要喜欢每一个人。"

不同性格类型的人选择某个职位，并且愿意在这个职位上长久工作的原因，很大程度上都与他们的偏好相关。比如，一个小浣熊型的人乐于接受一份工作不仅仅是因为能获得报酬和得到提升，还会因为在这个团队中有他喜欢一起共事的人；一个孔雀型的人更会因为一个宽松的工作环境和融洽的工作氛围而努力工作；一个老虎型的人会因为工作极具挑战性而乐此不疲；一个猫头鹰型的人如果在一个没有规则和流程的环境里工作，那他可能会毫不犹豫地选择离开。

因此，我们认为在团队中最有效的管理方法就是根据团队成员的不同性格类型，采取更加人性化的管理方法，同时采用适当的激励措施。身为领导要帮助下属克服工作中的困难，激励、珍惜他们对公司做出的贡献，同时必须善于发现下属的特长并善用这些特长为公司的发展做出贡献，也让下属能够不断成长。我们既然认可公司的业务收入来自产品，那就不能否认这些产品是由人生产出来的，表面上我们管理的核心是产品，但实际上管理的核心却是生产这些产品的人。

但我们在日常管理中却发现，大多数管理人员并不善于管理人，他们更善于管理事。这些管理者有着强大的控制欲，他们喜欢制度，喜欢流程，关注事情的结果，他们更擅长独自一人解决所有问题，常认为与其浪费时间做下属的思想工作，还不如把这个时间用在生产和拜访客户上，处理日常的人际关系对他们来说简直就是浪费生命。基于此，他们管理的团队往往业绩不够理想。帮助和激励任何人都应基于对人性的洞悉和了解，要善于发现和利用这些管理者的长处，帮助他们更好地做好管理工作，就像我们期待他们去关怀、激励下属一样去关怀和激励他们。

2. D 型人和 I 型人在团队融入上的差别

D 型人和 I 型人在团队中会有不同的工作风格。如果双方不能相互理解并调整自己来彼此适应，就会导致团队合作出现较大的问题而影响团队效率。

在团队中，D 型的人往往比其他类型的人需要更多的表达机会、更多的关注，但是这会导致其他团队成员认为其过于浮躁，过于以自我为中心。这种标签一旦贴上就会导致 D 型的人在团队中很难被他人接受。

而 I 型的人往往需要更多的独处和思考的时间，通常会忽略与团队成员的交流。这种行为会导致其他团队成员认为其过于保守，甚至是不愿与同事合作，与团队格格不入，这种标签贴上后会导致 I 型的人形单影只，渐渐脱离团队。

基于前文的分析，上述标签其实是对这两类人的误解，但这种长期形成的偏见所导致的行为沟通不畅和行为冲突必然会影响整个团队的效率。为了能够有效减少这种对团队的负面影响，双方均应该在行为上有所调整和转变。

对于 D 型的人来说，在必要的时候，需要征求团队成员的意见并学着倾听。比如："我对这个问题是这样看的，如果你们有不同的意见请尽管提，我们大家共同讨论。""我突然有个想法，但是我不能确定是否正确，我说出来，你们帮我参谋一下吧。"对于 I 型的人来说，需要适当表达自己的看法，就算这个看法还不是非常肯定。比如："对于这个问题，我还没有完全想好，不知道说出来是否合适？""我现在手边有点儿急事要马上处理，我能稍后再和你们讨论吗？"

此外，D型的领导遇到I型的下属，如果发现下属没有经常和他沟通，则会认为这位下属工作不饱和，甚至工作不积极。遇到这种情况，下属应该倾听领导的想法，主动了解领导的沟通习惯，并尽量做到事前、事中、事后的及时汇报。

对于I型的人来说，他们需要逐渐强化自己表达能力。他们喜欢在安静的环境下默默地独自思考、自省，通过与外界保持适当距离来保证自己能够做自己喜欢的事情。而I型的人经过认真思考后所表达出来的想法，通常都是掷地有声的，同时让周围人接受的概率也会很高。

综上，D型的人和I型的人，他们的交流方式都是非常清楚的，一个是乐于表达，一个是愿意自省，但如果他们也认为对方同样了解这一点的话，那就大错特错了。现实中，正是双方的误解才导致了团队合作过程中的种种不快和分歧，甚至从伙伴变成了仇敌和对手。

3. R型人和E型人在团队融入上的差别

对于R型的人来说，他们认为完成工作目标是组建团队最重要且唯一的任务；而对于E型的人来说，他们认为保持和谐的人际关系是组建团队最重要的任务，完成工作目标只是随之而来的结果。

两者的核心区别导致了这两种类型的人必然会在团队中产生矛盾和冲突。只要完成工作目标，即使团队成员之间冷漠无情，R 型的人仍然会认为这是个优秀的团队。然而对于 E 型的人来说，在这样一个团队中工作无异于身处水深火热之中，即使完成了工作目标也不值得留恋，因为他们最看重的是团队精神。E 型的人虽然看重工作成就、自身成长，但是快乐工作、和谐相处才是他们的工作之本、动力之源。

与 D 型和 I 型之间的性格类型偏好差异相比较，R 型和 E 型之间的性格类型偏好差异更难克服，因为它反映了两种完全不同，甚至是相反的人际交往世界观。他们分别重视的是结果和过程、智商和情商、事和人。我们都知道，这两种世界观各有利弊，它们各自所强调的两个方面对于这个世界来说同样重要——一个没有团队精神和价值观的团队，即使有再优秀的产品也不会是个伟大的团队，更谈何长久生存；一家只崇尚精神和愉悦，而忽视流程、工具的公司，也别想成为伟大的公司。

因此，我们强调，R 型的人和 E 型的人在团队建设上相互配合是异常重要的。如前所述，大多数领导都是 R 型的人，善于发现下属中属于 E 型的人的优点并帮助他们发挥至最大化，领导责无旁贷。R 型的领导需要对 E 型的下属予以更多关注和理解，但这并不意味着 R 型的人自己也要成为 E 型的人，而且就算是想，根据性格理论也是不可能的。其中的关键就是鼓励团队中 E 型的人能够在团队决策和完成目标的过程中发挥更大的作用。而利用本书中为你提供的方法和工具则是一个有效的方法，当然你还要具备一双善于发现的眼睛。

4. 相互补充，幸莫大焉

在我们的现实工作中，存在这种可能，你的团队中所有的成员都和你是一个类型的，并且你在这个类型高度一致的团队中过得很愉快，但无论从团队还是个人的长期发展来看，这都是不利的。在一个完整的团队中，任何类型的人都是不可或缺的。但我们有时却发现，现实生活中"残疾"的公司或团队还是存在的。

也正因如此，现实中才会发生许多让我们哭笑不得的状况。一群 D 型的人在一起讨论问题时，就像一群青蛙在夏日的傍晚不停地欢叫，谁也不知道他们为何而叫、为谁而叫，而且似乎没有一只青蛙愿意倾听别的青蛙的叫声并愿意发现其中的美妙之处，因为他们总是认为自己的叫声最好听。而一群 I 型的人在一起执行项目时就像大家彼此从未相识，他们每个人都在心底对着自己诉说自己的故事。一群 R 型的人则会组成一支铁面判官的队伍，在这里一切的一切只有一个标准，就是科学的指标，人与人之间只有平行线，而没有任何的交集。一群 E 型的人在一起则会组成一部情感大戏，戏中人不疯魔不成活，大喜大悲，把工作和生活都当成了一部悲喜交加的舞台剧。

综上所述，任何一个团队的领导和成员均需要了解自己所在团队的成员的性格类型偏好，以及这种组合的优势和劣势。一支多元化的团队也许在开始管理的过程中要花费大量的资源和时间来协调，但长久来看它必将是保证组织长远发展最为有效的基础。

5. 团队成员的适当多元化

在上文中，我一直强调团队成员的多元化和成员之间的相互融合与补充，那么该如何把握这种多元化才能促进团队效率的提升，并减少风险呢？从大样本的统计来看，在可以选择合作伙伴的情况下，大多数人都会选择和自己性格类型偏好相似的人，而不是和自己不同的人，通常至少在其中一个维度上相似，比如同是 E 型，而在直接或间接上不一样。因此，我们所谈到的团队成员多元化的实现还是有一定困难的。通常我们会在越来越多的团队中看到不同种族、不同文化信仰、不同国家和地区的人在一起共事，但是很难看到性格类型偏好多样的人在一起工作。

从另外一个角度上讲，如果一个团队中性格类型偏好极度多元化而没有一点儿相似，也会给团队合作带来一定的风险。从统计学的角度来讲，团队成员的多元化与团队的效率是存在一定的相关性的，但并非呈现完全的正相关。完全不同性格类型偏好的人在一起工作有时也会造成工作无法顺利开展、进度延误、团队效率降低。一个相对和谐的团队需要客观、准时以及具备高度目标责任感的领导，需要思路开拓、行动迅速的队员开拓市场，需要思维缜密、行动认真的执行者，需要心地温和、对他人关爱有加的"黏合剂"。

从我以往接触和咨询的客户来说，我发现公司的销售人员以孔雀型的人居多，一些专业部门如财务、法律、技术人员以猫头鹰型的人居多，一些对内对外提供支持的服务部门，如客服、人力资源、行政人员以小浣熊型的人居多，而公司高层及部门负责人则以老虎型的人居多。这些以不同性格类型的人为主的部门在日常工作和沟通中，需要相互理解、乐于倾听、经常保持开放的心态、站在对方的角度来考虑问题，这样才可以让整个公司在激烈的市场竞争中形成内部核心竞争力。

对于团队成员之间的协作以及团队之间的配合，需要从以下若干方面去考虑，才能更有效地促进团队及整个公司的发展。

首先，我们要知道在工作之中大多数的沟通不畅或是摩擦并不是出于所谓的职场政治，所有员工来一个公司工作的基本出发点都是希望这家公司、团队以及自己能够有一个良好的发展，造成这种情况的原因更多是性格类型偏好的差异。因此不要事事都扣上政治的帽子，不要总把本应用在工作上的时间都用在思考到底该如何站队上，不要总是想着争取一批人而打倒另一批人。

其次，大家都应尝试着把脚放在对方的鞋里去感受和交流，在此基础上就会发现这种不同类型性格之间的差异对团队的发展有着重要意义。不同性质的工作需要不同类型的人完成，所以才会有人岗匹配的管理方法。比如，技术类岗位只有那些善于思考、耐得住寂寞、能够整天面对代码和机器的"猫头鹰"才能胜任。每个岗位都需要最适合的人来担当，这样才能顺利完成工作。而公司整体目标及跨团队目标的完成则需要团队之间的协作，当更多的人了解这种由于性格类型偏好差异所带来的工作方式差异的时候，就能够正确地看待这种差异并坦然接受它，而不是简单粗暴的排斥和抱怨了。

最后，每一个人都有一种天赋让自己更加适合某一个岗位，人们最需要做的就是尽量发挥自己的长处，即扬长避短，而不是尽力去补自己的短处。如果你是个"猫头鹰"，那么就做只最好的"猫头鹰"吧，你可以成为一位优秀的会计师、工程师或者律师，不需要强迫自己去做"孔雀"，去硬生生地从事销售工作，强迫自己每天拜访客户，并在客户面前侃侃而谈。如果你硬要这么做，则很有可能给自己造成非常大的心理负担，即使你能够完成销售指标，可以挣很多奖金，但这种每天不快乐的生活又有何意义呢？

有效的团队协作方法

要想更加有效地达成团队协作，从上文的分析中可以看到，通过更好地了解自己的性格来处理人际的差异，会使协作问题得到更有效的解决。因此，无论你是何种性格类型偏好的人，都应该学会使用下面这个工具——乔哈里咨询窗（Johari Window）（见图 3-1），又名"乔哈里之窗"。

这个概念最初是由乔瑟夫·勒夫（Joseph Luft）和哈里·英格拉姆（Harry Ingram）在 20 世纪 50 年代提出的，"乔哈里咨询窗"是一种广泛使用的关于沟通的理论和技巧，它也被称为"自我意识

的发现 - 反馈模型"或"信息交流过程管理工具"。它包含的交流信息有情感、经验、观点、态度、技能、目的、动机等，作为这些信息主体的个人，往往会存在于某个组织，并与在这个组织内的其他个人有着千丝万缕的联系。

如图所示，乔哈里咨询窗模式把人的内心世界比作一个窗子，它有四格（四个象限）。

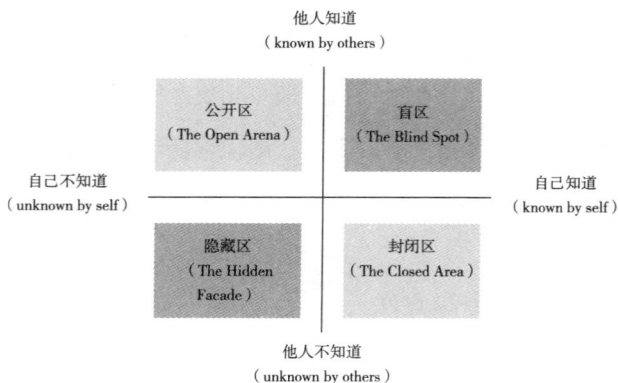

图 3-1 乔哈里咨询窗四象限

公开区（The Open Arena）：企业或组织中你知我知的信息；

隐藏区（The Hidden Facade）：我自己知道但别人不知道的信息；

盲区（The Blind Spot）：别人知道关于我的信息，但我自己并不清楚；

封闭区（The Closed Area）：双方都不了解的全新领域，它对其他区域有潜在影响。

真正而有效的沟通，只能在公开区内进行，因为在此区域内，双方交流的信息是可以共享的，沟通的效果会令双方满意。但在现实中，很多沟通者对彼此都不很了解，很无奈地进入了封闭区，沟通的效果就可想而知了。

为了获得理想的沟通效果，就要通过提高个人信息曝光率、主动征求反馈意见等手段，不断扩大自己的公开区，增强信息的真实度、透明度。在沟通的策略上，可以在隐藏区内选择一个能够为沟通双方都容易接受的点来进行交流，这个点叫作"策略信息开放点"。当双方的交流进行了一段时间，"策略信息开放点"会慢慢向公开区延伸，从而实现公开区逐渐放大，以保证有效率的沟通和团队的更加融合。需要注意的是，选择"策略信息开放点"时要避免过于私人的问题，如心理健康、严重的过失等。

💗 小结：团队协作的要点

> 针对团队协作和融入过程中的关键问题及注意事项，我们要再重点分析一下对不同性格类型的人应该如何给予特别的关注（见图3-2）。
>
> ### 孔雀型（表达型）
>
> 遇到困难时，一定会冲锋陷阵，工作在第一线。在平时工作中，尝试更加有效地聆听伙伴们的建议并鼓励他们充分表达

自己的思想感情，尝试在形成重要决定前，自己先进行认真的思考和分析。

老虎型（推动型）

为团队及自己设立高标准的目标，使工作更富有成效。果断的做事风格可以确保目标的最终达成。尝试关心伙伴，向他们表达出欣赏和期待。当遇到明确反对自己意见时，要学会在认真思考后再反对或欣然接受。

猫头鹰型（分析型）

遇到难题时发挥良好的逻辑思维能力，协助团队领导和伙伴做好各种情况的分析工作，确保挑选出合适的方案。尝试用这种能力表达自己的观点，积极参与伙伴的讨论并对其他伙伴提出的反对意见认真思考。

小浣熊型（友善型）

做好团队的"黏合剂"，协助处理团队内部及团队之间的关系，良好的倾听和共情的工作风格会让更多的伙伴喜欢与你合作。尝试通过认真的分析得出做事的办法，而不仅仅是凭感觉、凭感情，要尽量提高自己的工作效率以适应团队的快速发展。

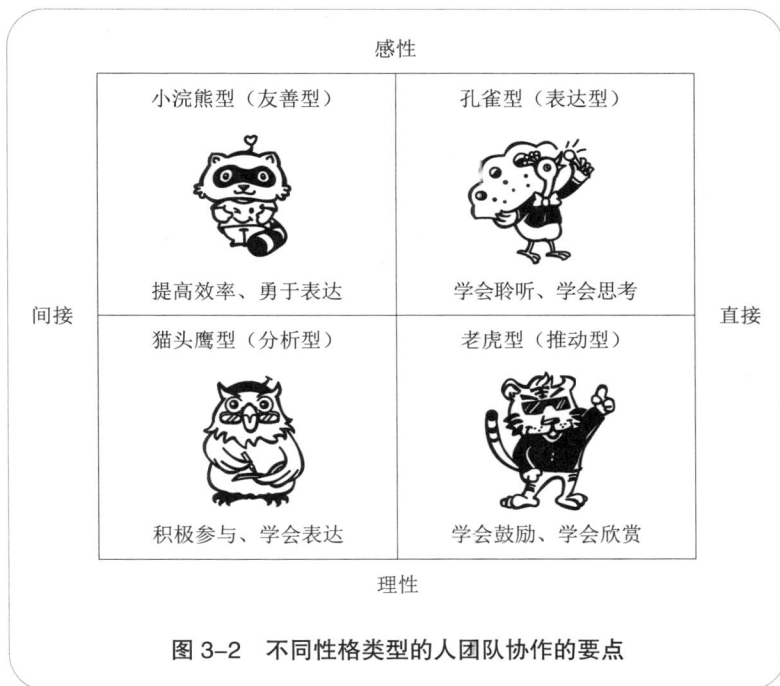

图 3-2 不同性格类型的人团队协作的要点

02
试用期的坑你不要踩

虽然在试用期，公司已经与你签订了劳动合同，你就算正式加入公司了，但是，从管理的角度来讲，试用期其实更是面试考核的一个延伸，你的能力只有在实际工作中加以展现，才说明你真正胜任这个岗位。因此试用期的表现是非常重要的。总有许多刚刚入职的同学会或多或少地存在如下一些疑惑：

"我怎样才能顺利通过试用期呀？"

"试用期如果不合格被公司解除合同了，该怎么办呀？"

"我在试用期最应该注意的是什么呀？"

"在试用期的时候，公司是否应该给我全额工资？是否应该给我交五险一金呀？"

"到了一个陌生的环境，我该如何尽快适应呀？"

试用期中的被动与主动

Joy 在试用期第一个月结束后，被领寻找去谈话。Joy 怀着忐忑的心情进了 Fiona 的办公室，她们的谈话就这样开始了。

Fiona 表情严峻地说："Joy，你知道我今天找你是为什么吗？"

Joy 低着头缓缓答道："是不是因为前两天统计销售数据的事？Fiona，我知道我错了。我的学习能力不够强，遇到问题时太急躁，实在不好意思，我以后一定改。"

Fiona 脸上露出一丝满意的微笑说："那你说说，准备怎么改呀？"

Joy 有些忙乱地回答道："抱歉，Fiona，最近这几天忙着办理部门内部其他一些辅助工作的事情，我还没来得及想怎么改呢，我准备做完手头这几件事，就开始着手制订下一步改善计划！不过，您别担心，我一定改！"

Fiona 似乎又有一点不满了，说："Joy，坦率地讲，当初你面试时，并不是所有面试者中表现最优秀的，之所以最后我选择了你，是因为看中了你认真负责的做事态度、勤奋刻苦的学习精神以及良好的沟通能力。但是仅凭这些在职场上是远远不够的。首先，从学生到职场人角色转换的最大挑战就是无论遇到什么困难都要完成本职工作。因为如果完不成，就不仅仅是自己的事情，还会影响到其他同事。其次，发现了问题仅仅承认错误也是不够的，更重要的是找到解决方法。你现在能理解我的意思了吗？"

那么，Joy 该如何在试用期进一步证明自己的能力并顺利通过试用期呢？接下来我就从两个方面来和大家分享。这两个方面分别为：不同性格类型偏好的人在试用期时的注意事项、如何顺利通过试用期。

不同性格类型偏好的人在试用期时的区别

1. D 型人和 I 型人在试用期时的注意事项

D 型人和 I 型人在试用期时也会有不同的行为表现。而两者的这种风格是完全相反的，如果在试用期时不注意发挥自身特长，会导致对新环境的适应期延长。

新员工在刚加入公司的时候，应注意多听少说、多做少说，尽快了解公司文化、相关管理制度、公司运作方式、公司产品特征等，尤其要注意的是和相关部门同事的沟通方式。在当前的社会环境下几乎所有的工作都不会是由一个人独立完成的，更多的是要依靠团队的力量。因此，在新环境下，取得大家的支持和理解是非常重要的。

新员工在试用期的时候应该特别注重与大家的沟通，沟通时应该通过适当的表达以取得大家的理解和支持，更应该虚心倾听大家的观点和想法。

在试用期时，D 型的人往往喜欢主动与大家沟通、了解公司各方面的情况，因为他们觉得只有尽快熟悉工作、进入状态，才能取得大家的认可，从而顺利通过试用期。D型的人在试用期时应该注意如下关键点：

　　★遇到问题时先独立思考解决方案，然后再通过交流取得大家的支持和帮助。

　　★和部门内外部同事沟通时，注意自己的表达方式应与对方的接受度相匹配。

　　★在和大家讨论事情时，注意倾听大家的意见。

　　★重要的事情需要在经过思考后再表达自己的观点。

在试用期时，I型的人往往喜欢自己逐渐熟悉公司各方面的情况，遇到问题自己独立思考，因为他们觉得这样可以尽量减少给周围同事带来的麻烦，同时也可以更好地锻炼自己独立工作的能力。I型的人在试用期时应该注意如下关键点：

　　★积极主动了解公司各方面的情况，有的时候通过与大家交流会比自己独自熟悉的效率更高。

　　★和部门内外部同事沟通时，注意自己的表达方式应与对方的接受度相匹配。

　　★在和大家讨论事情时，除了倾听以外，适当的表达同样重要，这样可以让大家更好地了解你的工作状态和行事风格。

　　★当遇到重要或者有挑战的事情时，要清楚地知道哪些是自己可以解决的，哪些是自己不可以解决的，同时知道可以向何人取得帮助和支持。

　　综上，对于 D 型的人和 I 型的人，他们在试用期中都会有自己不同的适应方式——一个通过展现期待获得认可，一个通过担当希望获得认同。

2. R 型人和 E 型人在试用期时的注意事项

　　对于 R 型的人来说，他们认为试用期应该严格明确自己的工作目标、做事的流程及所需的资源，通过制订严谨的工作计划，保证各项工作的顺利进行。E 型的人则认为试用期应该着重建立良好的工作关系、和谐的沟通氛围，以确保工作上能够得到大家的支持。两者的核心区别导致了这两种类型的人在试用期时所采用的融入工作状态的方式有着完全不同的行为展现。

　　与 D 型和 I 型之间的性格类型偏好差异相比较，R 型和 E 型之间的性格类型偏好差异更导致了他们在试用期面试时的工作风格是截然不同的。

　　R 型的人在试用期时应注意如下关键点：

　　★与大家建立感情和熟悉工作流程同样重要。

★和同事沟通过程中,在注意保持客观标准的同时,需要考虑对方的感受。

★在做任何重要的决定前，多听取领导和同事的建议。

★在考虑客观因素、稳妥做事的同时，注意适当考虑事情的创新性。

E 型的人在试用期时应注意如下的关键点：

★尽快熟悉公司的工作流程、操作方法及相关规定和制度。

★和同事沟通过程中,在注意考虑对方感受的同时,需要适当保持客观标准。

★在自己负责的工作遇到困难时，应保持良好的心态，尽量独立解决问题。

★遇到事情时，多考虑实施和执行的可能性。

如何顺利通过试用期

1. 试用期企业到底考察什么？

（1）试用期的标准定义

员工试用期是指从新员工报到上班（劳动合同生效日）开始，经历岗前培训、岗位熟悉到正式胜任工作岗位所需的时间。试用期管理是从系统论的角度出发，在岗位说明书的基础上，对试用期内员工的工作内容、绩效考核、薪酬水平等进行设计、规划和控制，以最大限度地减少新员工与企业之间的猜疑和内耗，通过整体最优来提高新员工与企业双方的竞争力，实现双方的共赢。

（2）试用期管理对于企业的重要性

随着我国整体人口红利的逐渐消退以及城市工业化进程，刘易斯拐点已经到来，企业在人力资源管理上将直接面临人才的相对短缺及人工成本的不断增加。而中国整体经济的持续快速发展从另一个角度也导致人才流动性的增大，新员工在一家企业持续工作的平均时间趋于缩短，以往我们普遍以为的员工在企业工作三年或七年所遇到的职业发展瓶颈期，已缩短到现在的六个月和三年。对于企业而言，在有限的时间内发现并留住需要的人才，员工试用期管理是关键。加强此项管理，其重要性主要体现在以下几个方面：

　　★推动企业整体最优的系统化管理，企业与新员工之间摒弃传统的互不信任的合作方式，向合作共赢的方向发展。

　　★难以融入企业的文化氛围、无法接受企业的价值观是新员工流失率高的主要因素之一，加强员工试用期管理，使新员工尽快接受企业的文化、价值观是稳定员工队伍的第一步。

　　★由于一部分新员工在结束试用期之后可能会离开企业，在他们离开的同时，也带走并宣传自己对该企业的印象和评价，员工试用期亦是企业向社会展示自身形象的一个重要窗口。

　　大多数公司对待试用期是异常重视的。首先，它们把试用期当成面试考察的有效延伸，在此期间，会对员工综合素质的方方面面进行模拟实际工作的检验，因此通常在员工刚刚加入公司的时候，直接主管需要将该职位的详细工作职责及关键绩效考核指标（尤其是试用期的考核指标）说清楚。此外还要定期或不定期地和员工开展绩效面谈（通常至少一个月一次），通过面谈了解员工工作进展的情况、遇到的困难及运用有效的方法进行辅导。其次，这个时期也是向新员工有效灌输和导入企业文化的重要时期，通过让员工更加了解和认可企业的文化以及相关方面，更好地强化内部雇主品牌，增加员工的归属感，这也是"用人＋留人"的有效开始。

（3）在试用期期间，对于企业来说，要想达到上述效果就需要对双方之间的信任进行有效的管理

员工试用期管理信任的形式

员工试用期管理中的信任主要是指新员工与企业之间确信对方不会利用自己的弱点而获利的一种自信心。其中企业对员工的信任是一种忠诚信任，即相信员工忠于企业，并愿意为企业的发展贡献自己的力量；而员工对企业的信任则是一种发展能力的信任，即相信企业能不断发展壮大，自己在企业中亦会获得进一步的发展。具体来讲，通过信任的不同形成机制，可将员工试用期信任分为以下几种形式。

规范型信任，指信任产生于建立一套激励员工采取合作行为、阻止员工与企业之间相互欺骗的规范。规范型信任的建立关键在于企业通过制度或协议的形式来进行保证：一是要与员工达成合理的经济利益分配机制；二是建立有效的风险防范机制，对于违反协议给对方造成损失应予以赔偿。作为合作的双方，企业的力量要远大于新员工，故在签订协议时应保证双方的公平性。

特征型信任，指信任产生于企业与员工之间在企业文化、社会背景等方面的相似性。新员工与企业若在企业文化、社会背景等方面越接近，就越容易在思维和行为模式上趋于一致，并将极大地有利于双方合作关系的发展。

过程型信任，指信任产生于行为的连续性，长期持续和可靠的相互关系有助于进一步强化相互之间的信任关系。过程型信任的建

立与发展是一个互动的过程，有赖于员工与企业在合作过程中相互支持、相互帮助。只有双方在试用过程中都坚持合作，才能有效地推动双方收益的共同增长，推动过程型信任的尽快建立。

员工试用期管理信任的建立和发展

在员工试用期管理中，欲建立起稳定和不断深化发展的信任关系，规范型信任是基础，只有通过公平协议的方式建立起合理的规范型信任，双方的合作才有发展的可能。过程型信任是动力，在建立起规范型信任后，双方的信任关系仍需要不断完善和发展。在双方不断交往过程中，过程型信任逐步得以建立，并反过来进一步强化双方的合作关系。而特征型信任在员工试用期管理中具有一定的偶然性，即对方与自己在价值观、社会背景等方面较为相似毕竟是偶然的。但这并不意味着双方就难以建立特征型信任，一方面企业在面试候选人的时候除了知识、能力外，还要重点考察人格与企业的匹配度，另一方面在试用期间企业可让新员工积极参加企业组织的各项活动，使新员工尽快融入企业文化氛围中，从而推动双方特征型信任的形成。

员工试用期信任的产生必须依靠双方的共同努力。建立起大家都期待的信任，对双方都有利。对员工而言，可使自己的聪明才智有一个稳定发挥的场所，可以更好地规划自己的职业生涯；对企业而言，可更加注重员工的培训、开发，而不必担心自己辛辛苦苦培养的人才流到竞争对手那里。而更好地建立起员工与企业共同成长的文化氛围，企业可以将更多的精力投入战略发展规划，而不必担心人才的缺乏。

2. 试用期员工应如何做?

大多数求职者会认为试用期是最有挑战的时刻,甚至有些战战兢兢,生怕由于表现不好没有通过试用期。

对于求职者来说,这同样也是个进一步了解和考察企业的过程,在这个过程中除了要运用良好的学习能力和适应能力尽快完成从学生到职场人的角色转换,了解岗位具体职责和绩效指标,争取顺利通过试用期外,更重要的是了解和适应企业文化和管理方式,使自己的心能够真正融入企业,使自身的职业发展与企业的发展保持同步。为了让大家能够更好地理解上述含义,接下来就角色转换和试用期考核再和大家详细解释一下。

首先,角色的转换其实是个很大的挑战,这个挑战来自角色的方方面面发生的巨大变化。

(1) 转换"环境"（学校—企业）

从表 3-1 可以看出,角色转换的第一个变化就是环境的变化,其带来挑战的核心要素就是不能再单纯地以知识为导向,更要以帮助客户实现以价值为导向。因为只有这样,公司才能取得生存和发展的基础,员工也才能体现出其社会价值。

表3-1 环境变化对角色转化的影响

方面	学校	企业	转换重点
目的	完成教学任务、顺利毕业	生存、赢利、人才培养、企业责任	
管理方式	扁平化管理（老师—学生）	等级式管理（公司负责人—部门负责人—团队负责人—员工）	从单纯的知识/科技导向到市场/社会价值导向
行为方式	独立完成	团队合作	
评估机制	个人学习成绩	以客户满意度为导向的价值体现	

（2）转换"人群"（老师—老板）

从表 3-2 可以看出，角色的第二个变化就是人群/领导的变化，其带来挑战的核心要素就是不能再单纯以自身对他人的喜好为导向，更要学会主动沟通、积极融入、认真学习上级的长处。

表3-2 领导的变化对角色转化的影响

方面	老师	老板	转换重点
角色关系	老师往往是你尊敬和崇拜的对象	上级也许不是你尊敬和崇拜的对象，但必须服从领导和管理	简单的盲从到高效的执行，简单的驳斥到高效的建议
角色协作	不喜欢一个老师，可以不去听他的课，可以期盼着下学期换一个老师	必须适应上级的管理风格，学习其优点，而且其任期可能是没有期限的	

（3）转换"人群"（同学—同事）

从表3-3可以看出，角色的第三个变化就是人群/伙伴的变化，其带来挑战核心要素就是你不再是孤胆英雄，而是团队的伙伴。你的一言一行不仅仅代表自己、对自己有影响，也代表着团队、对团队有影响。

表3-3　伙伴的变化对角色转化的影响

方面	同学	同事	转换重点
角色关系	和同学不能相处融洽，仍可以保持个性、孤芳自赏	如果不能和同事搞好关系，会被认为不能进行团队合作，就可能出局	以自我为中心的单向社交网络到以团队为中心的双边/多边社交网络
影响范围	迟到、旷课只是耽误自己的学习	迟到、旷工，耽误的是整个团队的业绩	

（4）转换"自我的获取与给予"（学生—职场人）

从表3-4可以看出，角色的第四个变化就是自身定位的变化，其带来挑战的核心要素就是你不再仅是受益者，而首先是价值贡献者。只有事先的付出，才会有后期的回报，而且这种付出必须是有价值的。

表3-4 自身定位的变化对角色转化的影响

方面	学生	职场员工	转换重点
角色	消费者、学习者	价值贡献者	
任务安排	所有的学习按照教学大纲安排，几乎没有变化	不是所有工作都按部就班进行，需要主动／创新工作；同时适应市场的改变	从个体消费者到团体价值贡献者
绩效影响	成绩不好不会给班级和学校造成经济损失，还会有补考的机会	做不好工作，有可能造成重大损失，甚至是无法挽回的损失	
绩效结果	考试成绩优秀可以获得奖学金	必须为组织创造价值才能获得报酬，而且必须是创造超额价值，才能获得奖金	

其次，就要了解岗位具体职责和绩效指标。我们以 Joy 为例看一下这个岗位在试用期的主要职责和绩效指标（见表 3-5）。（Joy 任职的岗位是销售部销售助理。）

表3-5 销售助理岗位试用期的职责与绩效标准

序号	工作职责	绩效标准
1	收集、整理销售人员月度销量信息	次月 5 号之前完成 差错率≤ 0.1%
2	销量分析报表	次月 10 日之前完成 差错率 0.3%

　　大多数公司都会针对各个岗位制定上述岗位职责和绩效标准，对于一个新入职的员工来说，一定要认真阅读上述文件，同时务必了解每一个字词所要表达的真正含义。在具体工作过程中要注意及时和上级主管反馈自己工作的进展，如果遇到困难，先要通过自己的努力寻找解决方案，在必要的时候要寻求同事或上级主管的帮助。

　　在试用期内，除了要做好上述相关事宜以外，还要懂得一些相关的法律常识以便遇到不规范企业的时候能够保护自己。下面有一些基本的常识和大家分享一下（见表3-6）。（以下内容摘自2012年修订的《中华人民共和国劳动合同法》，简称《劳动合同法》。）

表3-6　试用期的有关规定

劳动合同期限	试用期时间
劳动合同期限三个月以上不满一年的（含一年）	试用期不得超过一个月
劳动合同期限一年以上不满三年的（含三年）	试用期不得超过两个月
三年以上固定期限和无固定期限的劳动合同	试用期不得超过六个月

试用期的其他相关规定
同一用人单位与同一劳动者只能约定一次试用期
以完成一定工作任务为期限的劳动合同或者劳动合同期限不满三个月的，不得约定试用期
试用期包含在劳动合同期限内。劳动合同仅约定试用期的，试用期不成立，该期限为劳动合同期限

续　表

劳动者在试用期的工资不得低于本单位相同岗位最低档工资或者劳动合同约定工资的 80%，并不得低于用人单位所在地的最低工资标准
在试用期间被证明不符合录用条件的，用人单位可以与劳动者解除劳动合同，但无须提前 30 日通知及支付补偿金
在试用期中，除劳动者有《劳动合同法》第三十九条和第四十条第一项、第二项规定的情形外，用人单位不得解除劳动合同。用人单位在试用期解除劳动合同的，应当向劳动者说明理由
劳动者在试用期内提前三日通知用人单位，可以解除劳动合同

　　总之，试用期无论对于企业还是员工均是一个试配的过程，企业应对此时的员工给予较多的关注和辅导；员工应少说、多问、多做，尽快了解和融入企业文化，与周围同事建立良好的工作关系。我们每个人在公司工作，就像在所负责的领域内开着一艘船，只有得到同事的接纳和认可，大家才会推着你驾驶的这艘船向前走，否则不但没有人帮你向前推，还很有可能朝着相反的方向推。

　　因此，虽然员工试用期管理是人力资源管理中的重要一环，但目前仍有众多企业对员工试用期管理流于形式，使新员工不能尽快适应和融入新企业，因此导致大量新员工流失，给企业的人力资源管理工作造成巨大的人力、物力浪费。无论是新员工还是企业，若过分注重短期收益的最大化，必然会给自己造成极大的效用损失。只有本着信任、合作的良好态度，才是员工与企业实现各自价值最大化的必由之路。

♥ 小结：试用期的注意要点

针对试用过程中的关键问题及注意事项，我们要再重点分析一下对不同性格类型的人应该如何加以特别的关注（见图 3-3）。

孔雀型（表达型）

应注意详细了解岗位职责和绩效标准，并与相关主管书面确认。避免遇到困难时的过于情绪化，以致影响对事物的判断，造成更大的错误。

老虎型（推动型）

关注工作结果的同时，适当关注工作过程，通过对过程的有效控制以达到预期的结果；同时以更友好的方式与同事交往，尽快获得大家的接纳和帮助。

猫头鹰型（分析型）

发挥自身良好的逻辑分析能力以使各项工作循序渐进地开展，按时按质完成工作；但同时注意抓住关键点，利用二八法则提高工作效率。此外还要注意和持反对意见的人保持适当沟通并善于接纳意见。

小浣熊型（友善型）

发挥自身热心、团结的性格特征，保持和同事的良好协作关系；同时注意适当提高工作效率，按照流程完成工作的同时，注意适当的创新。

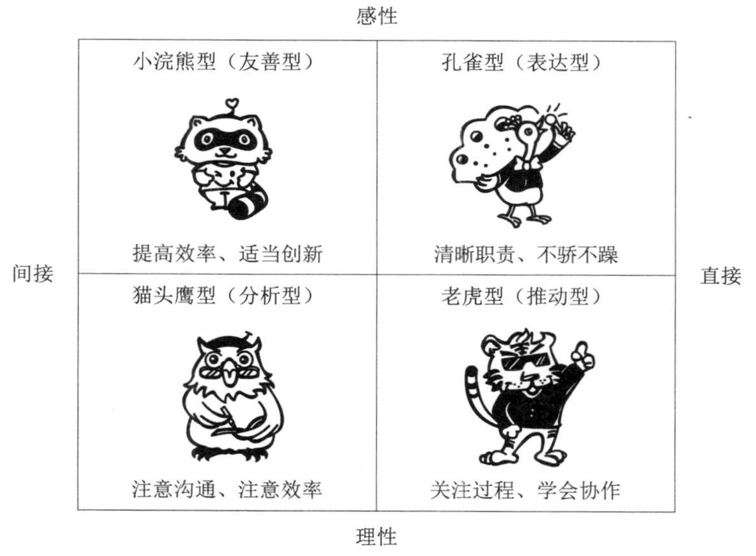

图3-3　不同性格类型的人在试用期的注意要点

03
化压力为动力

　　总有许多同学在成长的过程中倍感压力。在面临各方面的压力时，会有很多同学怀着略为沉重的心情问我：

　　"我每天早上醒来的时候特别不想去上班，因为总有一大堆工作压着我，我可咋办呀？"

　　"我每周一刚上班时，总是不能集中精力在工作上，好像还没有休息够呢，这可怎么办呀？"

　　"我的领导总是批评我，一点儿人情味都不讲，而且还不让我解释，怎么办呀？"

　　"我的一个同事总是让大家觉得很难和她相处，我试了几次都不行，每次她的冷漠都让我非常不舒服，怎么办？"

　　"在工作中有压力到底是好事还是坏事呀？"

压力是什么

1. 指月之指

要想弄清楚压力是什么以及如何才能有效地解决，先要明白我们每个人每天都会面临不同的压力，适合每个人的压力解决之道也是因人而异。首先，让我们来看一则小故事。

《六祖坛经》中无尽藏尼对六祖慧能说："我研读《涅槃经》多年，仍有许多不解之处，希望能得到指教。"慧能说："我不识字，请你把经读给我听，这样我或许可以帮你解决一些问题。"

无尽藏尼笑道："你连字都不识，怎谈得上解释呢？"

慧能对她说："真理是与文字无关的，真理好像天上的明月，而文字只是指月的手指，手指可以指出明月的所在，但手指并不是明月，看月也不一定必须透过手指，难道不是这样吗？"

于是无尽藏尼就把经读给了慧能听，慧能一句一句地解释，没有一丝不合经文的原意。

看完这个故事，你是否受到一些启发呢？借助这个故事，我想告诉大家的是：压力就像天上的月亮一样，是客观存在的。对于缓解压力而言，别人再怎么帮助你，如果你不明白什么是压力，如果你不能正视它，那么一切帮助都是徒劳的。我们每个人每天都会面临不同的压力，缓解压力的方法也是因人而异的，别人只能给你启迪和指引。要真正缓解压力还是要靠自己的内心不断强大，自己才是缓解压力的根本所在。

那么，压力到底是什么呢？

压力是指当事件打破个体平衡或超过其应对能力时个体的反应模式。通俗地来讲就是当一个人应对压力的机制不能解决所面对压力的时候，就会感受到压力过大。工作压力则是指当工作要求与工作者的能力、资源或需求不相匹配时发生的有害的生理与情绪的反应。

学习心理学的相关知识可以帮助我们更好地面对和解决压力，无论在工作还是在生活中，都要变黑白思维为多维视角，变静止思维为求变理念，变思考导向为行动导向。

2. 压力从何而来

压力无处不在，所以有压力并非完全是坏事，俗话说"压力是弹簧，你弱它就强，你强它就弱"。当人在正常压力下（即你能够承受的范围之内），压力往往带给我们的是动力和鼓励；一旦压力超过了人能承受的范围，则会带来负面的影响。压力给人带来的负面影响通常是在许多纷繁复杂的事情中慢慢积累起来的，是一个从量变到质变的发生过程。人们往往只会关注最终压垮骆驼的那根稻草，而忽略此前的累积。要想尽量避免类似情况的发生，我们就需要了解压力源都有哪些，以便我们能够及时地发现和提醒自己。总的来说，压力源包括三方面，即个人生活因素、工作因素、人格因素。

（1）个人生活因素，包括日常烦恼、人际问题、身心健康问题、财务问题、重大生活问题、可怕经验等。

具体来说：日常烦恼，比如衣食住行中的一些烦恼，像交通阻塞、做饭等；人际问题，从以往的统计数据来看，职场中因人际关系而跳槽所占的比重高达 7%；身心健康问题，比如日常的疾病，就像俗话中说到的"35 岁以前人找病，35 岁以后病找人"；财务问题，比如日常生活开支不断增加、物价不断上涨、购房贷款压力大；重大生活问题，比如人生都会经历的生老病死；可怕经验，比如经历严重的失败、被偷或者抢劫等。

在我曾经提供咨询服务的一家公司中，我在全体销售人员中做了一个关于生活压力源的问卷调研，调研结果显示如下因素构成了大家日常面临的主要压力：住房紧张、与家里其他人的关系、与朋友的关系、经济拮据、与爱人或恋人的关系、生活中缺乏有乐趣和让人享受的活动、没有恋爱对象、孩子教育。

上述这些生活压力源如果按照规律总结一下，便可以发现无非包含两个方面，即钱和关系。针对这两个方面，有几点经验与大家分享。在日常生活中，我们每个人都需要了解"两个原则"和"三个知道"。"两个原则"是指交换原则和互利互惠原则，即无论任何事都要遵循有付出才有回报的原则。"三个知道"是指知道自己身上的优势，要相信和依赖自己；知道孤独，但不寂寞，我们每个人都需要有一点儿爱好和兴趣，要善于在生活中发现快乐、找到快乐，因为快乐不会自己送上门；知道关系比教育更重要，尤其是在对待亲子关系和上下级关系上，如果没有双方在关系上的融洽和理解，就谈不上任何的教育和管理。

（2）工作因素，其中包括时间性压力源、遭遇性压力源、情境性压力源、预期性压力源。

时间性压力源产生的原因包括工作过多及缺乏控制。工作过多的原因通常发生在大多数人只需要控制好自己所负责的环节时却希望控制整个工作环节的情况下，缺乏控制的原因通常发生在大多数人只需要对某些事情具有知情权时却希望掌握控制权的情况下。我们需要知道，工作中的某些情况我们是可以掌握的，而另外一些情况是我们完全无法掌握的，关键就在于我们能否认清其中的能与不能。

遭遇性压力源，通常是由关系原因形成的，包括角色冲突、问题冲突及行为冲突。角色冲突是指每个人在社会上都会同时扮演不同的角色，而且不同时期自身对各个角色的定位不一样，身边的人对不同时期的你的角色定位也会不一样，当两者不一致或者冲突的时候，则会产生压力。比如很多职场新妈妈会认为应该把"妈妈"这个角色放在最主要的位置，照顾好孩子是最重要的，丈夫这时候如果仍然只把新妈妈当成妻子的角色，就会有被冷落的感受，而公司领导这时候如果仍然只把新妈妈当成员工的角色，就会产生新妈妈不敬业的感受。这样一来，对新妈妈角色定位的偏差必然会导致新妈妈在这个时期的压力。问题冲突是指不同人对问题界定的差别所导致的冲突而带来的压力。比如在公司业务不景气需要缩减费用的时候，有的人认为裁员是最好的办法，而有的人认为缩减市场费用是最好的办法，那么针对问题的不同界定则会给双方带来压力。行为冲突包括对他人评价引起的冲突（三个人团队中，两个人比较要好，另一个人就会出现猜忌）及别人的言行对你直接的冒犯。针对行为冲突，我们需要首先控制自己的行为习惯、思考方式和工作责任，如果我们企图控制他人的上述方面，则会发现是徒劳无功的，甚至会增加双方的压力。因此最好是通过控制自己从而将压力保持在一定的限度内。

情境性压力源，通常是由环境引起的，这个环境包括硬件环境和软件环境，硬件环境是指令人不适的工作环境（拥挤、噪声、空气污染、工作设备不符合人体工程学原理……），软件环境则是指快速的变革（外部政治经济环境，组织内部管理方式、规则、流程等发生变化）。上述环境的挑战会给处在这个环境中的人带来压力。

预期性压力源，通常是指对于未来即将发生或者预计会发生的事情带来的担忧所导致的压力，它包括令人不快的预期（未来职业发展的迷茫或瓶颈）和对未来的担忧（比如结婚、生子、换工作等变化带来的担忧）。这些预期均会给当事者带来压力。

针对工作性压力源，我曾经做过一个调研，调研报告显示，员工在日常工作中通常会遇到如下压力：销售指标难以完成；公司管理方式及管理手段；开拓市场比较困难；销售知识、沟通技能不足，与客户沟通存在障碍；现在所从事的岗位工作技术含量低，没有发展前途；工作要求和职责不明确，工作起来没有头绪和方向；与上级领导的关系；与同事的关系（含下属或平级同事）。

上述这些工作压力源如果我们按照规律总结一下，其更多来源于工作本身和自我实现。职场人目前以工作为重心，近六成的压力来自职业目标是否能实现，四成来自工作能力能否被证明，可见对自身能力的肯定是另一大压力源。心理压力极大的职场人群主要是民营企业中 26 ～ 30 岁的一般管理人员。

（3）人格因素，是指由于不同人性格类型偏好之间的差异造成某些性格类型偏好的人给自己和周围的人带来的压力。虽然上述提到的生活和工作因素会给人带来压力，但不同性格类型偏好的人对这些压力的感知程度会有所不同，而且应对和释放的方式也会因人而异。有的人需要通过和他人的交流、分享来释放压力，而且往往在谈话过程中这种压力就已经烟消云散了；有的人则喜欢静静地一个人思考，通过不断地自省去寻找解决方案；有的人遇到压力时会直接面对并奋力将压力推倒，然后踩着压力的"尸体"昂首而过；有的人把压力视为人与人之间钩心斗角、办公室政治的衍生品。

综合上述各方面的因素，我们可以发现当出现下面几种情况的时候，压力会给人带来较大的负面作用。

当我们平时没有意识到压力源对我们构成积累性影响的时候，突然有一天发现这种积累从量变达到了质变。

当我们对事情失去控制时，尤其是预估到可能产生的潜在风险时。

当我们企图控制自己或他人生活中的不可控制的因素时。

当我们面对自己的性格类型偏好不擅长的方面，尤其是短板的时候。

遇到上述类似情况时，最重要的就是应该更加清晰地了解不同性格类型偏好的人是如何面对、解读和释放压力的。

面对上面诸多因素导致的压力，我们该如何应对？接下来我就从两个方面来和大家分享。这两个方面分别为：不同性格类型偏好的人在压力管理过程中的差别、有效的解压之道。

不同性格类型偏好的人在管理压力过程中的差别

1. 性格类型偏好导致的压力

从前面的分析中我们可以看出，不同性格类型偏好之间的差异会导致相互之间的压力。一种性格类型偏好的人的突出之处往往就会给相对应的另一种性格类型偏好的人带来压力。比如，你的下属正在兴致勃勃地和你谈着对一个项目未来的憧憬和规划，你心里却在担心这个项目能否完成，而表面上又不得不认真地听他讲，这时候你觉得压力很大，而且这个压力竟然是来自下属。又比如，你总是在开始工作之前就制订非常详细的工作计划并且还在执行过程中不断完善，而你的领导总是追问你结果如何，而不问你在过程中的努力和付出，尤其当你失败时，领导便对你进行指责，这时候你会觉得压力很大。所以，某些行为偏好对一些人来说是鼓励，而对另外一些人来说就会是压力和挑战。

对人性的洞悉可以帮助我们对压力有更加深入的了解和认知，从而可以更好地保持身心健康。压力过大会导致人体抵抗力的降低，从而各种疾病的发病率也会随之提高。对性格类型偏好的了解，可以更好地预防、面对和释放压力。

2. D型人和I型人在压力管理过程中的差别

由于社会的期许，绝大多数人的行为会向社会普遍认可和推崇的方向来靠近。通常D型的人由于性格类型的偏好，自内心深处到外化行为都能顺应社会期许，可I型的人就惨了，白天他们不得不迫使自己侃侃而谈，而到夜晚回到家里又觉得筋疲力尽，总想安静下来给自己的内心充充电。如果周围人发现了这个原本是I型的人却不断把自己展现成D型的人，大家又会安慰说："何必呢，就算有的时候你不说，我们也不会忽略你的，何必让自己这么难受呢。"结果I型的人压力更大了。

我们小的时候还会听到大人说出与上面完全相反的赞美，比如"这个小朋友真是谦虚内秀，别看他不爱说话，心里可有主意呢"。结果一些D型的人受此影响，白天努力克制自己倾诉的欲望，极力使自己变得内敛谦让，本想晚上回家发挥下自己能言善辩的口才，结果又没人听他说了，心情苦闷，压力又来了。

就上述两种性格类型偏好而言，I 型的人通常会由于自我纠结而感受到更大压力，通常压力来临的时候还会苦于没有倾诉对象而更加感觉沉重，因而更容易受到相关精神和身体上的疾病困扰。

3. R 型人和 E 型人在压力管理过程中的差别

坦率地讲，在遇到复杂的问题，尤其是涉及钱和人的问题时，R 型的人并不比 E 型的人感到事情更容易解决，他们也同样会感受到很大的压力。比如，公司由于市场不景气而不得不裁减人员，R 型的人通常在符合国家法律的前提下，更多地关注如何能减少公司成本、员工是否认真交接工作及财务预算可否有效执行。从客观的角度来讲，这没有问题，但事实上会被其他员工认为没有人情味，接下来便会被孤立。

而 E 型的人更多考虑如何保证员工利益、如何平衡公司内部受到的影响、如何不影响人际关系，并且希望随着时间的推移此事能够圆满解决，甚至幻想被裁减的人员找到新的理想工作后主动提出辞职。结果到了最后往往被领导批评为做事拖拖拉拉、瞻前顾后、没有大局观念。

对于 R 型的人而言，其更多的压力是来自当环境不允许他们事事有礼有节、保持客观的时候，任何不理智的情感外露都会给他们带来很大的压力，使他们不知所措。这时候 R 型的人会不断地强调"冷静，请大家冷静，不要让情感冲昏我们的头脑"，他们认为只有这样才能尽量避免人际冲突，找到解决问题的办法。但这并不意味着 R 型的人就没有任何感情、冷若冰霜，他们只是有自己特有的表达感情的方式并且不会经常流露，因为他们内心深处坚信不疑地认为，感情的流露、情绪的波动是影响事情成功的巨大阻力，因此也成了压力最大的来源。

E 型的人的压力主要来自人际沟通中发生的分歧和冲突，这种冲突会迫使 E 型的人不断逃避和躲让。这种行为会让周围的人认为他们不愿坦然面对问题，仿佛事不关己、高高挂起，甚至有时候这种态度还会招来别人的轻视，因为大家认为：这件事根本就和 E 型的人没有关系，又何必要这样躲躲闪闪呢！于是，本来好心想避免冲突发生的 E 型的人，好心被当成了驴肝肺，随之压力便向 E 型的人扑面而来，令其感到窒息。

4. 性格类型的偏好能否发生改变

从西方心理学的角度来说，一个人的性格在 12 岁形成后，是很难改变的，从东方文化的角度来讲，则是"江山易改，本性难移"。但当一个人面临突发的重大的事件时，性格有可能发生改变，甚至是向相反的性格类型偏好严重地转化。有时候这种改变，我们自己是觉察不出来的，但在周围的人看来，你已经完全变成了另外一个人，一个他们完全不认识的人。一个 D 型的人平时高谈阔论，就算是口干舌燥也乐此不疲，但可能突然有一天变得沉默寡言、郁郁寡欢，让周围的人不敢相信。这就意味着，当人面临巨大压力时，他的行为会走向另一个极端。

上述情况为什么会发生呢？当我们一时面临太多压力时，例如：重大疾病、突然失业、亲人去世、婚姻危机等，我们的精力会被这些压力严重消耗而得不到及时恢复，即像本章最开始讲到的那样，我们的应对机制已经应付不了这些压力了。接着我们就会出现类似失眠、酗酒，甚至是伤害自己或他人的行为，行为特征也会发生翻天覆地的变化，一个 I 型的人可能会一改内敛寡语的行为风格而变得脾气暴躁、喋喋不休。

在日常生活和工作中，我们大多数人都乐于助人，看到别人遇到困难时，总是会上去关心一番。但如果不能找到正确的方法，就会好心办坏事。因此不要直接指责对方的问题或者用怀疑的口气发问，比如"你到底是怎么回事""你怎么能这么做呢"等。有效的方法是仅仅用客观的语气陈述对方出现的行为即可，比如"你最近好像不太喜欢说话了，你可以告诉我发生了什么吗""你最近的工作好像进展得不太顺利，我能帮你做什么吗"等。这些问题不是必须要让对方回答，而是让对方感受到你的关心，而且这种关心是没有任何压力的。

有效的解压之道

由于压力多种多样、千变万化，就像上面所说的，你越了解自己和他人的性格类型偏好，就越能减少因与他人的冲突而产生的压力，以及能更好地调整自己的心情和面对压力的状态，从而更好地释放压力。通常来讲，下面的一些方法和工具可以帮助你更好地缓解压力。

1. 了解自己和他人的性格类型偏好

面对压力时，打败我们的不是别人，更多的正是自己。当无法改变外界环境时，你唯一能够改变的就是自己面对环境的心情和面对压力的状态。

此外通过了解他人的性格类型偏好，你就会发现自己的这种偏好通常容易和哪一类型的偏好产生冲突，比如 D 型和 I 型、R 型和 E 型之间最容易产生冲突。而"孔雀型"不喜欢"猫头鹰型"的刻板守旧，"猫头鹰型"不喜欢"孔雀型"的疯疯癫癫，"老虎型"不喜欢"小浣熊型"的拖拖拉拉，"小浣熊型"不喜欢"老虎型"的铁面无情。当你了解这些差异时，你就会发现：对方往往只是针对事，而不是针对个人；对方仅仅是在展现自己的风格，而不是反对你的观点。

2. 勇于面对和承认环境中的压力和冲突

要正视生活和工作中的压力，我们不是生活在真空里，冲突和压力是生活中不可避免的，这里有一个故事想与大家分享。

有一天女儿从公司回到家，一脸愁容。面对慈祥父亲的关心问候，她也无精打采。她对父亲抱怨她的生活，抱怨世事艰难，好像一个问题刚解决，新的问题就又出现了，她不知该如何应付生活。

她的父亲是位厨师，把她带进厨房。父亲先往三只锅里倒入一些水，然后把它们放在旺火上烧。不久锅里的水烧开了，他往第一只锅里放些胡萝卜；第二只锅里放只鸡蛋，最后一只锅里放入碾成粉末状的咖啡豆。父亲将它们放入开水中煮，一句话也没有说。

女儿呷呷嘴，不耐烦地等待着，纳闷父亲在做什么。大约20分钟，父亲把火关了，把胡萝卜捞出来放入一个碗内，把鸡蛋捞出来放入另一个碗内，然后又把咖啡舀到一个杯子里。做完这些后，父亲转过身问女儿："亲爱的，你看见什么了？""胡萝卜、鸡蛋和咖啡。"

父亲让她靠近些并让她用手摸摸胡萝卜，她摸了摸，胡萝卜变软了。父亲又让女儿拿出鸡蛋并打破它，将壳剥掉后，她看到的是煮熟的鸡蛋。最后，父亲让她喝了咖啡，品尝了香浓的咖啡，女儿笑了。她怯生生问道："这意味着什么？"

父亲解释说：这三样东西面临同样的逆境——煮沸的开水，但其反应各不相同。胡萝卜入锅之前是强壮的、结实的，毫不示弱，但进入开水后，它变软了，变弱了。鸡蛋原来是易碎的，它薄薄的外壳保护着液体状的内心，但经开水一煮，它变硬了。而粉状咖啡豆则很独特，进入沸水之后，它反而改变了水并让周围空气都充满了咖啡的香浓。"哪个是你呢？"他问女儿，"当逆境找上门来时，你该如何做出反应？你是胡萝卜，是鸡蛋，还是咖啡豆？"

读完这个故事，你也可以想一想，你是变软弱了、失去了力量的胡萝卜，还是可塑性强的鸡蛋，抑或是咖啡呢？问问自己是如何对付逆境的吧！

3. 善于从负面情绪中发现正面积极的意义

如下这些原本负面的情绪，当换个角度考虑时也许你就会发现它们积极的一面。请发挥你的正能量、爆发你的小宇宙吧！

恐惧：这是一种高能量的情绪。恐惧可以提高神经系统的灵敏度，并能使防范意识增强，这对我们提高对潜在问题的警觉性很有帮助。它使我们获得本不能得到的信息，使我们迅速做出反应，并在必要条件下选择逃避。

无可奈何：已知的办法全不适用，需要创新与突破思考。

内疚：这是建立在爱和同情的基础上，与评估是非对错连在一起的情绪。当我们做错了某件事，或自我判断自己做错了某件事，又或者没有做我们应当做的事情时，我们会用自责来折磨自己，然后，在控诉完自己之后，就会开始内疚。而此时，我们可以尝试用更富有建设性的评估方法来取代内疚。

紧张：它的出现真是太好了！能让我们有额外的能量去保证

成功。

害怕：不甘愿付出或者觉得付出的大过得到的，它促使我们对所期望的东西重新进行评价及对实现期望采取的方法进行重新调整。

生气：一种高能量的情绪，可以用来帮助我们做出反应并采取行动，可使我们克服那些本不可逾越的障碍和困难。它经常与我们不喜欢的情况连在一起，它为我们提供能量使我们采取行动对这些障碍和困难做出反应。生气就是鼓气，一鼓作气才能成功。

悲伤：一种能促进深沉思考的反应，能更好地从失去中取得智慧，从而更珍惜目前所拥有的。

后悔：提醒我们找出一个有更好效果的做法，同时让我们更明确内心价值观的排序。

左右为难：说明内心价值观的排序尚未清晰明确。

惭愧：一件表面上已经完结的事，但还需要采取行动使情况完善。

失望：发生在所期望的目标已确定但没有实现的时候，是一种能促使对期望做出重新评价及对实现期望目标所采取的方法做出重新调整的信号。

讨厌：需要摆脱或者改变的提醒信号，帮助我们去找出改变及摆脱的办法。

愤怒：一种高能量的情绪，可以充分调动身体的能量，准备对一个不愿接受的状况做出改变的行动。

压力：转变为动力之前的准备，就像弹簧一样，压得越低，弹得越高。

忧虑：一种高能量的情绪，它把注意力集中在一个就要发生但后果令我们担心的事情上，让我们处于精力集中的状态并将其变成兴奋，为我们提供做准备的能量。

痛苦：使我们能避开危险，并提升人生经验的信号。

小结：压力管理的要点

针对缓解压力过程中的关键问题及注意事项，我们要再重点分析一下对不同性格类型偏好的人应该如何加以特别关注（见图 3-4）。

孔雀型（表达型）

阳光般的笑容和乐于沟通交流的性格会让你充满活力并热情地去面对工作和生活中的人和事，并且你的激情也会感染身边每一个人，从而激发大家共同面对压力的决心；但在此过程中，如果感到面临的压力已经超过了自己的承受范畴，应注意提高分析解决复杂情况的能力并适时寻求他人的帮助，避免由于独自承担而造成心情的大起大落，进而影响工作进展。

老虎型（推动型）

果断、坚韧地面对压力，不达目的誓不罢休的性格，使你坚信"压力像弹簧，你弱它就强"，适当的压力可以更大地激发潜能；但在此过程中，你会让周围的人感觉到巨大的压力，因此要学会和周围人相处，要明白不能用自己的标准来要求所有人。

猫头鹰型（分析型）

冷静的思维、严谨的做事风格和态度，让你可以更有效地梳理自己和他人的不良情绪所带来的压力，同时找到适宜的方法来缓解压力；但在此过程中如果发现有即使经过自己的分析仍然不能解决的压力，也不要硬着头皮去一个人解决或者钻牛角尖，要善于寻求帮助或采用适当的迂回战术，甚至是暂时的放弃。

小浣熊型（友善型）

善于聆听、乐于帮助他人、与他人能和谐相处，这会让你有机会得到他人的帮助以分担压力；但如果将纠结和压力深埋心中而独自承受，往往会导致情绪由量变向质变转化，甚至引起精神的崩溃。

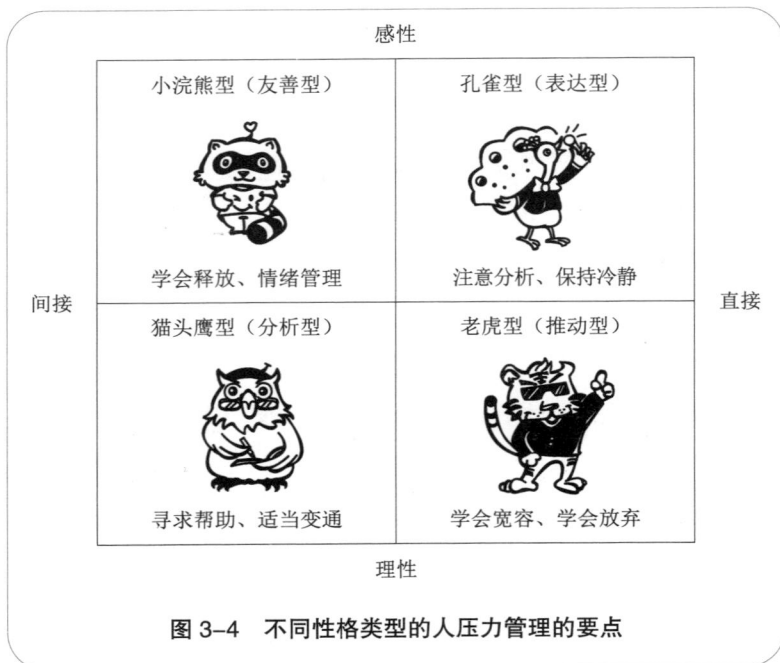

图 3-4 不同性格类型的人压力管理的要点

第4章

提高个人竞争力

01
绩效目标设定指南

　　总有许多刚刚工作一年左右的同学开始有了新的疑惑，并问了我类似下面的问题：

　　"我工作快一年了，进步可大了呢，可我的领导怎么也不表扬我呀？"

　　"我如何能够向领导证明自己的工作成绩呀？"

　　"我们公司年底快考核了，领导找我谈话时，我该怎么应对呀？"

　　"我虽然是销售人员，但不能只拿我的业绩考核我呀，如果没完成，那我在工作过程中付出的努力就白费了吗？"

　　"我如何才能在工作中设立清晰的目标并顺利实现呢？"

考核中的绩效面谈

转眼 Joy 入职整整一年了，在这一年当中通过自己的不断努力和学习，Joy 已经熟练地掌握了各项销售信息的统计分析流程及方法，同时还利用这些数据为 Fiona 在下一年度对于销售人员指标的分配提供了自己的见解。此外，Joy 还利用平时和销售人员沟通交流的机会，不断学习产品知识和了解销售技巧。在此过程中 Joy 得到了很多销售人员良好的反馈，连 Fiona 都在开会时表扬了她。

在年底的考核中，Joy 发现了 Fiona 脸上洋溢着她从未见过的笑容。Fiona 有些抑制不住兴奋地说："Joy，这一年你非常努力，表现得非常好，每月的数据统计及时、准确，而且还创新地进行了分析，这些都给销售部的管理工作带来了很大的帮助。基于此，北京地区的销售经理多次向我提出，要把你调到一线去做销售专员。你看你是怎么想的？"

听到这些，Joy 顿时觉得一年来的辛苦、努力以及夹杂着的委屈终于迎来了一个良好的结果。Joy 高兴地从座位上站了起来，激动地说："Fiona，太感谢您了，我都不知道说什么好了！在这一年和销售人员的交流过程中，我也发现自己更加喜欢一线销售的工作！总之，谢谢您给我这个机会！"

Fiona："Hi，Joy！先别太兴奋，销售工作可不是像大家想的那么容易，就是每天见见客户，陪客户聊聊天、吃吃饭。这次绩效面谈，我邀请了销售经理 Kevin，你未来的直接主管，一起参加。

便于他对你过去的工作有个更好的了解，同时也作为你即将踏上新岗位的一个面试，希望你好好表现。"

Kevin："Joy，你好，特别感谢你以往对我们一线销售工作的支持和帮助，大家也看到了你在这一年当中的成长，所以我也非常高兴 Fiona 批准我关于把你调到销售一线的申请。接下来，让我们共同努力吧……"

Joy："Kevin，您这么信任我，我真担心我做不好，在新的岗位上我该如何开始呢？"

Kevin："Joy，所有新的工作和项目都会有一个共同的工作方式，那就是从设定目标开始！"

那么 Joy 该如何在新的岗位上设定出既有挑战性又符合实际的绩效目标呢？接下来我就从两个方面来和大家分享。这两个方面分别为：不同性格类型偏好的人在目标设定时的差别、完美考核从设定目标开始。

不同性格类型偏好的人设定目标的差别

1. 考核目标的设定

考核中目标的设定是第一步，也是最重要的一步，很多考核最终没有得以有效实施大多是因为目标设定有问题，但这一步又是每个人无法逃避的。而且关于目标的设定不仅仅存在于工作中，也存在于日常生活中，我们每个人随时都会遇到目标设定的问题。首先，它一方面可以是一个非常正规的过程，比如确定目标、运用工具、制作表格等，另一方面也可以是非正规的，比如每个月要存多少钱、每周什么时候去锻炼等。其次，目标的设定可以非常远大，比如你的终极理想是想成为一个 CEO（首席执行官），也可以很短，比如一个月以内你要学会 Excel 中的函数运用。再次，目标可以非常复杂，比如你将组织一次几百名客户参加的新产品发布会；也可以很简单，比如你晚上要去请一个客户共进晚餐。无论是管理人员还是其他任何人都会涉及目标设定的问题，因此大家都在不断完善自己该方面的能力，以便更有效地制定团队、自己或者他人的目标，以及更好地完成这些目标。

虽然我们都知道目标设定的重要性，但却经常发现大家对目标仍然存在很多误解，甚至在目标达成过程中会手足无措或者造成很多误会。在很多时候，我们发现领导制定了清晰的目标，但在执行过程中，大家尽管非常努力，却离当初的目标越来越远，到最后不但没有实现目标，反而让大家相互埋怨，冲突不断。事情发展到这个程度，一部分人会觉得这就是办公室政治，就是大家相互拆台，相互不配合工作。真的是这样吗？答案一定是否定的！

既然不是办公室政治导致了这种局面，那又会是什么呢？

其实，答案很简单，这正是由不同人之间的行为偏好造成的，而这种偏好同样体现在大家对于目标的设定以及执行上。比如有些下属认为领导制定的目标就是命令，而毫不犹豫地执行命令就是下属的天职。老板说的是对的，我们要执行，老板说的是错的，我们也要执行。他们认为这就是专业的表现和作为下属的工作方式。如果在此过程中有其他的同事提出不同的想法、对领导设定的目标提出疑问，则会被他们极力反对，并且还会给这些同事扣上逾矩的帽子，怀疑他们的忠诚度，却从不会想到这样做会将一些好的想法扼杀在摇篮里。

与上述这些人相反，另外一类下属会认为领导的命令简直就是对他们的压迫和约束。他们喜欢宽松自由的工作方式，不愿意受规则和时间的约束，喜欢自由自在，认为只有这样才能发挥他们天才的创造力。他们喜欢行大事不拘小节，喜欢宏观和有战略高度的目标，而对那些执行中的细节嗤之以鼻，毫不拘泥于这些具体的步骤。因此，只要在足够大的项目框架下，他们对于每个步骤的时间安排和顺序就不会放在心上。对于这些下属来说，循规蹈矩地做事会让他们备受折磨。

同样的情况在领导中也存在。有些领导之所以成为领导就是因为他们从做下属时就规规矩矩地遵守规则，所以他们做了领导以后依然会规规矩矩地制定规则，并且依靠规则来管理下属。他们对于目标设定的原则就是既然设定了目标，就应该毫不犹豫地遵循和执行，并且以同样的标准要求下属，就算撞到"南墙"，也要把"南墙"推倒了继续前进。对于他们来说最有效管理下属方法就是自上而下的单方向推动，绝不允许任何下属挑战他们的权威，下属要步调一致地遵循相同的路线去实现目标。但他们在很多时候却发现并不是所有的下属都会遵循规则，有些下属甚至对规则完全漠视。对此，这些领导会感到困惑，甚至怀疑是不是因为时代变了，自己无法跟上时代的脚步了。

而另一类领导的思想则异常活跃，他们在做下属时就是因为极强的创新能力而被提升为领导的。成为领导后，他们同样认为只有不断创新，才能打破思维的约束，取得跨越式的进展。但有的时候，他们的下属却感到异常困惑，因为这些下属总是搞不清这类领导下一步会做出什么决定，并且也搞不清楚上一步制订的计划到底还要不要执行。有时领导的目标是提高市场占有率并且不惜以超低的价格血战到底，但没过几天领导又说确保公司的利润是公司赖以生存的根本之道，恶意的价格竞争只能饮鸩止渴。如此大的变化让下属每天的工作都犹如在迷宫里打转，刚刚看到一个出口，可转眼就被堵上了。

纵使现实情况是如此繁杂，我们还是必须认清，任何一个组织、团队或个人都会面临目标的挑战，这是不能避免的，因为只有目标才能促使大家朝着同样的方向前进。为了更好地设定目标，我们需要先了解不同性格类型偏好的人在设定目标时的差异。

2. D 型人和 I 型人在目标设定上的差别

D 型的人在设定目标时就像他们做其他事情一样，需要和别人分享讨论才可以进行，因此目标设定的过程也就是一个讨论的过程。在这个过程中他们更加关注一种集体体验，大家相互分享、持续交流，通过这种方式，目标会得到不断的调整和完善。讨论后确定的目标，才是大家可以接受和了解的。如果每个人都能在目标设定过程中说出他们各自的想法，这就意味着每个人都参与了目标的设定，而这种参与会让每个人都积极投身到实现目标的工作中。

对于 D 型的人来说，每个参与讨论的人无论是否发言都意味着贡献了自己的想法并且同意最终达成一致的目标。在此种情况下，对于 I 型的人来说无疑会面临挑战，因为他们对于任何一个目标都需要时间去思考，甚至这种思考在过于热烈的讨论中无法进行，他们需要独自在某一个安静的地方才能进行这种思考。但即使他们在讨论中一言不发，D 型的人也会认为他们已经同意了会上制定的目标。如果非要 I 型的人在讨论中说出是否同意这个目标，那么对于他们来说又是不能确定的意见，并且当他们在后期执行过程中表达出不同的意见时，D 型的人会说他们出尔反尔，过于善变。

基于上述情况，D 型与 I 型的人之间会慢慢产生隔阂，D 型的人会认为 I 型的人过于保守和闭塞，而 I 型的人会认为 D 型的人做事口无遮拦、嘴比脑子快，甚至是不经大脑。对于 D 型的人来说，他们为了鼓励每一个人都能参与到讨论中，会不断地说出不同的观点让大家提出建议。有时，D 型的人还会从不同的立场进行表达和说明，其目的就是促使每个人都来参与。这种情况对于 I 型的人来说确实可以增加他们参与的机会，但他们此时只想在内心深处进行参与，而不想贸然说出他们的意见。随着讨论不断白热化，他们反而会嘀咕："在此刻，如果我说出我的想法，大家要是不同意该怎么办呀？要是根本就没有人听我说该怎么办呀？"但此时如果他们没有任何表达，D 型的人往往会觉得他们是事不关己，高高挂起。

通常，D 型的人总是说了才会想，他们通常先快速地说出自己的想法，然后通过讨论才能确认自己到底是怎么想的，换言之，他们刚刚表达出的意见往往并不是他们真实的想法。如果别人用心倾听他们的想法并且开始着手执行，他们会很吃惊，甚至可能在事过境迁后，否认自己曾经有过类似的说法和意见。

I 型的人与 D 型的人在目标设定过程中也有相同的地方，就是希望大家都参与到目标的设定中来，以便对最终达成一致的目标有认同感。但他们所希望的参与方式却与 D 型的人完全不同，他们希望所有参与者都应该对事情进行思考、了解和吸收，对他们来说最重要的是内心的思考和体验。因此，I 型的领导在设定目标时，通常会提前草拟一个书面方案，然后发给与会者，让他们提前预习、分析和准备，以作为开会时讨论的基础。届时，每个参与者都应该提前做好充分的准备，拿着书面的意见到会并以此发言，而不是口若悬河地凭空发表意见。会议结束后，I 型的人也并不会认为目标设定到此就结束了，在后期执行的过程中还会定期根据执行的情况予以反馈并相应调整目标。这种情况对于 D 型的人来说也同样存在，只不过他们还会不断提出新的想法。

双方对于目标设定最大的分歧在于：D 型的人要说出来，I 型的人要写出来。D 型的人需要不断地说，I 型的人需要不断地思考，就是这种差异使得两种类型的人完全无法理解对方的行为方式。因此，双方很容易发生争执，有时甚至会上升为个人恩怨，而往往忽视了事情本身的意义和重要性。一些细枝末节的事情成了会议的中心议题，而会议的本质则被完全扭曲。

综上，对于这两种类型的人来说最有效的设定目标的方法就是：为 D 型的人提供表达的机会和时间，为 I 型的人提供思考的机会和时间。

3. R 型人和 E 型人在目标设定上的差别

对于目标的设定，由于 R 型人和 E 型人的行为偏好不同，R 型人会说："只有精确的目标才有实现的可能。就算我不喜欢和认可这个目标，我也会全身心地投入执行，丝毫不会影响我坚决执行目标的态度。"而 E 型人会说："我希望完全参与目标的讨论，我只有发自内心地喜欢和认可这个目标，才能激发热情，并全身心地投入和完成它。"所以对于这两种类型的人如何就目标的设立达成共识，我们还需要仔细研究和探讨。

我的一个朋友是一家公司的人力资源总监。记得有一次她和我谈到公司准备举行优秀员工颁奖典礼。她面露难色地和我讲："这次典礼需要人力资源部和市场部互相协作、共同完成。本来公司把这么重要的任务交给两个部门，目的在于集思广益，相辅相成，把典礼做得更精彩。结果在事前的策划会上，两个部门就颁奖典礼要达成的目标已经吵得不可开交了。我们部门认为，颁奖典礼的目标很简单，根本不需要反复讨论，就是保证每一个执行环节都要准确无误。比如，优秀员工的评比、奖品的选择、颁奖程序的制定、颁奖领导的落实等一系列事情都要按部就班，分毫不差。甚至每个环节所用的时间都要进行严格的规定，精确到几分几秒，否则整场颁奖典礼就会乱哄哄的。而市场部的同事则认为，颁奖典礼目标需要充分讨论，比如是程序严谨更重要，还是热烈的气氛更重要。而且他们坚持认为气氛的渲染更重要。气氛到了，就算某个环节出现小偏差，只要不是实质性的错误也无所谓。因为颁奖典礼不是重在颁奖本身，而是重在通过典礼，润物细无声地宣贯公司认可员工、助力员工成长的核心企业价值观。要通过树立优秀员工形象，感染其他员工，而且要让这种感染力能够不断持续。几座冷冰冰的奖杯敌不过一颗颗火热的心。结果，一个策划会开得鸡一嘴、鸭一嘴，谁也说服不了谁。"

那么，如何让这两种类型的人就目标的设定达成一致，并全身心地投入目标的执行呢？最重要的就是 R 型的人和 E 型的人能够相互理解，求大同、存小异。

对于 R 型的人来说，目标最好是经过缜密思考的结果。目标一定要可衡量、不模糊。他们在执行的过程中，不仅需要了解目标是什么，更重要的是清楚目标背后的逻辑关系，比如何时、何地、如何执行目标，在此过程中都会遇到什么困难、有何挑战以及有何备用的解决方案，实现目标的各种资源是什么以及如何协调、分配这些资源才是最合理高效的。因此，要想让 R 型的人全身心投入目标实现的过程，就必须让他了解上述各个方面的信息并对此深信不疑。

对于 E 型的人来说，大家都要参与到目标的讨论中，让目标能够感染每一个人，激情比目标自身更重要。实现目标的过程就是该执行方案如何影响每一个参与执行的人或者周边的人的过程。E型的人希望每个人在执行过程中均可以受益。项目的执行过程其实就是一个充分体现团队合作精神的过程，一个有效的目标必须能够体现并不断增强合作精神。对于E型的人来说，目标执行最重要的因素是由谁来执行，并且该目标的执行会对谁有影响，是正面的影响，还是负面的影响，这种影响是仅仅会影响到日后工作，还是会影响到生活。

此外，在目标执行的具体过程中，这两种类型的人的表现也会有很大的差别。R型的人虽然有可能不是完全赞成这个目标，但是领导一旦决定开始执行，他们则会抛开一切自己的想法而坚决贯彻到底。对于他们来说，喜欢不喜欢领导是次要的，执行领导命令才是最重要的。但E型的人则不同，要想目标执行顺利，就需要在内心深处认可这个目标、认可带领大家实现目标的这个领导，并且执行时需要一个精神合一的团队、一个和谐的工作氛围，否则就无法完成目标。

综上，对于这两种类型的人设定目标的最佳方法就是：R型的人应该了解，对于E型的人来说，和谐的人际关系、内心的深刻认同是最重要的；E型的人应该了解，对于R型的人来说，目标一旦确认，无论是否喜欢都不会影响目标的实现。

完美考核从设定目标开始

在中国，很多公司分不清什么是绩效考核和绩效管理，往往容易更多地关注于"考核"的这个点，而不是管理的整个过程，最终把这项工作演变成了"秋后算账会"。于是，每次考核都人心惶惶，员工之间、员工与领导之间相互猜忌。绩效管理毋庸置疑是企业人力资源管理中最核心也是最难做的一部分工作，"核心"是说它联系着员工的薪酬福利、联系着员工的成长、联系着员工的去留，可以说是牵一发而动全身；"难做"是说它不是仅仅依靠先进的流程、工具就能做好的，重点在于有效的沟通须贯穿于整个考核过程的始终。

1. 绩效管理的定义及重点

绩效分为组织绩效和个体绩效，其中组织绩效是指可以由企业控制的，由全体员工共同创造的，能够持续提高企业价值的全部物质和非物质的成果。个体绩效是指组织绩效中属于个体的部分。与组织利益不相一致的"绩效"不属于个体的绩效。任何一个企业或组织均需重视绩效，这是因为组织的绩效决定了组织的生存与发展；个人的绩效取决于组织的绩效，决定了个人的生存与发展。其实绩效古而有之，并不是现代管理的产物。孟子云："权然后知轻重，度然后知长短，物皆然，心为甚。"在现代的企业管理中，我们也会经常说这样一句话："有标准才能有衡量，有衡量才能有反馈，有反馈才能有提高，有提高才能有升华。"

因此，绩效的有效管理对于企业目标的最终达成是非常重要的，所以我们常说绩效管理是企业永恒的话题，是整个人力资源管理的核心。

绩效管理是指各级管理者和员工为了达到组织目标共同参与的绩效规划（performance planning）、绩效辅导（coaching for performance）、绩效回顾（reviewing performance）、建立发展计划（create a development plan）的持续循环过程。绩效管理不能简简单单地理解为绩效考核，它与绩效考核的关键区别就在于它是以上四个步骤构成的一个完整闭环式的循环，而不仅仅是一个步骤。

绩效管理的目的是持续提升组织、部门和个人的绩效。绩效管理强调组织目标、团队目标和个人目标的一致性，强调组织和个人同步成长，形成"多赢"的局面，它体现着"以人为本"的人性管理思想，在绩效管理的各个环节中均需要管理者和员工的共同参与和双向沟通。

2. 影响绩效的因素

影响绩效的主要因素有员工素质（知识、能力、人格）、外部环境、内部环境以及激励效应。员工素质是指影响一个人在工作和生活中的若干因素，统称为素质（competency）。它分为内在因素和外在因素，其中内在因素是先天形成的，后天难以习得和提升，而外在因素是经过培训和开发可以提高的。外部环境是指组织和个人面临的不受组织和个人所控制的因素，属于客观因素。内部环境是指组织和个人开展工作所需的各种资源，部分属于客观因素，但在一定程度上我们能改变和完善内部环境的制约。激励效应是指组织和个人为达成目标而工作的动机，包括主动性、积极性。激励效应是主观因素。

3. 绩效管理的误区

（1）绩效管理是人力资源部门的事情，与业务部门无关

在企业绩效管理实践中，存在着诸多类似的现象：高层领导对绩效管理工作很重视，人力资源部门也制定了相应的政策和工具并着力推进绩效管理工作，但各业务部门负责人和员工对绩效管理尚且认识不够，总认为绩效管理是人力资源部门的事情。有的业务部门领导认为下属的方方面面都在自己的脑子里装着呢，何必要填写那些花花绿绿的表格，还不如利用这个时间去拜访客户，多为企业创造一些利润。一些直接主管领导不想参与对下属的绩效评估，尤其是面对绩效不佳的下属，他们就更加认为这样会导致大家尴尬，或者担心下属质疑自己的评估有失公正。他们认为由人力资源部门成立考核委员会来对员工进行考核才是最稳妥的。在这种管理思想影响下，某些部门尤其是业务部门会对绩效考核采取"非暴力不合作"的应付态度，如果公司执行力不够强的话，业务部门的绩效考

核往往会流于形式、形同虚设。

正确的理念应该是：人力资源部门只是绩效管理的流程、工具的设计者、组织协调者；各级管理人员才是绩效管理的具体实施者，他们既是绩效管理的对象（被考核者），又是其下属绩效管理的责任人（考核者）。

那么如何才能改变上述的错误认知呢？第一，要进行绩效管理核心思想的宣传贯彻，使各级管理者改变工作思维模式，认识到人员管理的重要性；第二，要对管理者进行培训，尤其是绩效管理有关工具、方法和技巧的培训和辅导，提高他们的综合管理素质和企业整体管理水平；第三，从企业文化、价值观建设入手，推进各级管理人员的执行力，尤其是公司最高层领导的大力推进，会逐步强化全体员工接受绩效管理的思想和方式的意识。当大家从绩效管理中获得对工作的帮助时，绩效管理自然会得到大家的重视和接受，并形成良性循环。

（2）绩效管理就是绩效考核，绩效考核就是发现"坏员工"

很多公司开始着手推行绩效管理时，对绩效管理并没有非常清晰的认识，认为绩效管理就是绩效考核，管理就是为了考核，考核就是唯一的管理。他们把绩效考核作为约束控制员工的工具，通过绩效考核给员工施加压力，单纯地认为"压力底下无弱兵"，通过绩效考核扣发不合格员工的奖金，甚至将其辞退。有些企业盲目采用末位淘汰制，盲目崇拜"胜者为王，败者为寇"的思想，但如果企业文化、业务模式和管理水平等各方面都不支持该种方式，绩效考核必然会遭到大家的抵制，一般抵触情绪最强的往往就是那些业务主管。因为这种"负激励"会对未来的业务起到更多的副作用。而且人都被辞退了，谁来干活呀。

实际上，绩效管理和绩效考核有着本质的区别，绩效考核只是绩效管理的一个环节。绩效管理是一个完整的循环，由绩效规划、绩效辅导、绩效回顾和建立发展计划四个环节构成，缺一不可。绩效管理不仅仅是为了发绩效工资和奖金，更不是为了扣发工资，这些都是手段，绩效管理的目的是持续提升组织和个人的绩效，保证企业发展目标和员工职业发展目标的共同实现。绩效考核更多是为了正确评估组织或个人的绩效，其核心目标是"正激励"。绩效管理要取得成效，上述各环节必须联动工作、相辅相成，否则就无法达到绩效提升的效果。

（3）重考核，忽视绩效规划环节的工作

绩效管理实施过程中，很多管理者对绩效考核工作相对还算比较重视，毕竟考核结果是和大家的个人利益息息相关的。但对绩效规划环节往往重视不够，尤其是初次尝试绩效管理的企业经常会遇到这种问题。该环节是上级和下属就考核期内应该完成的工作内容以及达到何种标准进行充分交流并形成一致的过程，它的作用体现在以下几个方面：首先，绩效规划提供了对组织和员工开展绩效考

核的核心基础依据。其次，科学合理的绩效规划能够保证组织、部门目标的贯彻实施。最后，绩效规划为员工提供了努力的方向和目标，这样才能作为评价绩效结果的标准。

绩效规划包含绩效考核总体目标、分项指标及权重、评价标准等方面。这对部门和个人的工作提出了具体明确的要求和期望，同时表明了部门和员工在哪些方面取得成就会获得组织的奖励。从理论上讲，人是会遵循系统规律的，就像员工进入一间屋子，一定会走门，而不是走窗户，因此一般情况下，部门和员工会选择组织设立和期望的方向去努力。

在制定绩效规划过程中，确定绩效目标是最核心的步骤，如何科学合理地制定目标对绩效管理的成功实施具有重要的意义。许多公司绩效考核工作难以开展的原因就在于：一方面，绩效规划制定不合理。如对有的员工的绩效目标定得过高，他们无论如何努力，都完不成目标；而对有的员工的目标定得过低，他们很容易就完成目标。这种事实上的内部不公平，会对员工的积极性产生很大影响。另一方面，绩效目标的过高或过低，会降低薪酬的激励效应，无法达到激励员工的目的。上述这些情况使绩效考核失去了其本身的意义，因此绩效目标的合理可行是非常关键的，科学合理的绩效计划是绩效管理能够取得成功的关键环节。

（4）重数字，轻沟通

绩效管理强调考核双方的充分沟通，即强调管理者和员工是利益的共同体，管理者和员工为绩效计划的实现而共同努力。绩效辅导是指绩效计划实施者的直接上级及其他相关人员为帮助实施者完成绩效计划，通过协调、沟通、交流或提供帮助，给实施者以指示、指导、培训、支持、监督、纠偏、鼓励等帮助的行为。

在企业绩效管理实践中，大多数管理者希望所有考核指标结果都能用公式计算出来，即定量指标，他们认为只有这样才是最精准的、最公平的。但实际上这就像痴人说梦，而且在某种程度上是管理者回避问题的一种偷懒行为。绩效考核不是仅仅用分数就可以说明被考评人的一切的，管理者只有根据实际情况的变化而变化，才能对被考评人做出客观公正的综合评价。

为什么不能全部依靠定量指标呢？原因在我的前一本书《职场那点事儿，从看穿 HR 开始》中有所提及。因为并不是所有的工作都能够用定量指标来表示和衡量的，有效的定量评价指标必须满足若干个前提条件，缺一不可，否则定量指标考核的公平公正性就会受到影响。

首先，定量考核指标务必要符合公司发展战略目标，如果定量考核指标不符合公司发展战略目标，那么一定会产生南辕北辙的效果。比如很多公司对人力资源部考核都有一个"员工流失率"的指标，这个指标的高低表明了人力资源部在人才保留这项工作上的好坏。但这项指标具体数字的设立，如果忽视企业战略发展阶段和企业性质，就不能反映人力资源部工作的好坏了。组织在快速发展过程中的员工离职率一定是相对较高的，而在平稳的发展期则是相对较低的；通常销售型导向的公司离职率是相对较高的，生产型导向的公司离职率是相对较低的。

其次，要科学合理地制定定量考核指标，需要综合考虑内部环境、外部环境等多方面因素。如果目标制定不合理，没有充分考虑各种影响因素条件，就会造成更大的不公平。在企业绩效管理实践中，很多公司绩效考核最终未能有效持续的最关键原因就是，没有可行的方法将定量的绩效目标制定得公平公正。

再次，定量指标虽然可以明确定义、精确衡量，但实际上即使有众多会计准则约束的财务报表，其最终呈现的数据仍然会有很多"可调整"的空间，因此这些定量数据的可靠性、有效性会受到质疑。

最后，定量考核指标如果只是单纯考虑工作的数量而忽视质量，则会导致工作质量的降低，从而给企业的长期发展造成非常严重的负面效果。以工作质量降低来满足工作数量要求，对组织的发展是有害的。

很多公司对人力资源部门的考核指标还会有"培训工作完成及时率"这一指标，使用过该指标的人力资源管理者应该都知道，绝大多数公司的人力资源部门均会完成这个考核指标。事实上，类似考核指标的完成有时是以工作质量的降低作为代价的：即使不具备实施的条件，但基于考核的导向作用，员工也会产生"先干了再说"的思想，而该项工作的必要性和效果都会受到影响。

既然定量指标的运用需要一定条件，那么就应该发挥定性指标（过程指标）在考核中的重要作用，应该充分尊重直接主管在考核中的主观评价作用。事实上，没有任何人比主管更应该清楚和了解下属的工作状况，任何一个称职的领导都非常清楚下属工作的完成进度和质量，因此单纯应用过于复杂的方法寻求绩效考核的公平公正，反而是低效和有失公允的。

（5）绩效管理和业务发展的战略导向无关

绩效管理取得成效的另外一个重点是实现绩效考核结果与薪酬激励的相关性和公平公正性，只有符合上述要求才能使员工信服，才能促进组织和个人的绩效提升。但对于上述目标的追求和实现应该以满足企业业务发展的战略导向为前提。笔者曾向某部门经理询问："您能不能对下属工作绩效进行有效的区分，哪个绩效优秀、哪个需要改进？"对于这个问题他感到非常困惑，他说："有的员工工作很努力，但业绩却完成得不是很好，工作效果一般；有的员工在业务方面大胆创新、业绩优秀，但有时会忽略细节；有的员工工作成绩一般，但却待人真诚、乐于帮助同事。因此，如果要在他们当中选择一个最优秀的的确非常困难。"

这位经理所反馈的现象确实具有一定的代表性，他在对待绩效考核工作态度上是非常认真的，但对绩效管理的认识还存在差距。事实上，绩效考核要体现公司业务的战略导向，在一定期间符合公司发展战略导向的行为就该受到认可和激励。如果公司处在对业务的开拓创新有要求的阶段，那么创新的行为和取得的成绩就该受到激励和奖励；如果公司销售收入的完成、市场占有率的提升面临较大的压力，那么销售收入指标完成出色的员工则应该首先获得奖励。因此，绩效管理要考虑不同时期的战略导向，绩效管理是为了完成该时期的绩效目标。

绩效管理实践中还存在另外一种常见现象，就是不断追求考核指标的全面和完整，考核指标涵盖了这个岗位所有的工作，事无巨细地说明了各项考核要求和标准。比如，笔者曾经咨询的一家物流公司对其下属的客户服务部门的客户服务专员设立的考核指标多达几十项，在总分为100分的前提下，很多项指标分值为1分甚至0.5分，最高的也不过5分，这样的考核指标无法突出工作重点，不能体现战略导向。尤其严重的是即使最重要的一个指标，如果没有如期完成也只不过减掉5分而已，该员工仍然还可能获得90以上的评分。最核心的工作都没完成竟然还有机会评到90分以上，这样的绩效考核会有效果吗？过分追求指标的大而全必然会稀释最核心业绩指标的权重，使绩效考核的导向作用大大弱化。而且这里面还没有计算为了记录和统计如此多的考核指标所花费的隐形成本。

（6）绩效考核注重的是结果而非过程

公平公正地进行考核以便对业绩优异者进行激励，是绩效考核非常重要的一个方面，但绩效考核绝不只是最终的奋力一击或是秋后算账，通过过程考核对绩效计划执行环节进行有效监督控制，及时发现存在的问题，给予指导和纠正，避免更大损失的发生，才是绩效考核的重中之重。

（7）绩效管理可以使员工积极进取，使企业脱胎换骨

绩效管理是一个逐步完善的过程，绩效管理取得效果的好坏与企业当前基本管理水平有着密切的关系，而该水平不是短期内就能迅速提高的，因此企业推行绩效管理不可能解决所有问题。不要对绩效管理给予过高期望，认为只要推行绩效管理，企业的管理现状就能马上脱胎换骨、焕然一新了。任何一个企业的管理水平均会经历一个"洗心、革面、换血、脱胎"的长久历程。

很多企业推行绩效管理不了了之，就是因为企业领导急功近利，希望通过绩效管理迅速改变企业现状，这样的目的短期内是不会达到的。

实施绩效管理是企业发展的必然，正确理解和对待绩效管理的作用，从企业实际情况出发稳健地推进绩效管理工作，组织和个人的绩效才会逐步提升，最终企业竞争力也必将得到提高。

4. 完美考核营造企业信任度

既然目前在中国尚有很多公司在绩效管理方面的工作还较不成熟，那么作为处在其中的员工应如何通过更好地发挥自身主观能动性，来使自己的绩效管理更加客观和有效呢？

（1）我的地盘我"做主"

虽然从理论上来讲，员工的直接主管应该对下属的各方面工作情况最为了解，但实际上却有相当多的管理人员做不到这一点，那么作为员工本身就应该替主管承担起该项责任。作为绩效计划的执行者，首先应当对所负责的工作有最为全面的了解，包括该项工作对整个部门的影响，与部门内外部相关工作的联系程度、所需资源、需要达到的标准。乍一听，可能大家觉得这项要求有点儿过分，但如果你仔细想一想，每个人自从出生到成长，这个世界上最了解你的人，难道不应该是你自己吗？

（2）做个"自我管理和驱动型"的员工

"自我管理和驱动型"员工是指如果你对某些工作做出承诺，就应该进行自我指导和自我控制，以完成任务。从人性本身的角度来说，每个人不仅应对自己的工作承担相应的责任，而且应当主动承担责任；绝大多数人都具备做出正确决策的能力，而不仅仅只有管理者才具备这一能力。

"自我管理和驱动型"员工的显著特征是：自己主动制定激励性的目标，并为自己目标的达成负责；运用上级赋予自己的权限，通过自己的努力或者上级的帮助对工作过程进行控制，从而达成工作目标。

对绩效管理而言，主动学习并明确其所包含的四个关键步骤，即绩效规划、绩效辅导、绩效回顾、建立发展计划，至关重要。在上述四个步骤中，首先，主动做到了解部门整体工作目标，根据其要求在自己负责领域内设定工作目标和绩效标准，及时和上级沟通并达成一致。其次，在工作开展过程中，定期和上级沟通自己的工作进展、完成情况、面临困难及所需资源、帮助。再次，在考核环节先行对自己的工作依照目标和标准进行自我考核，同时应保持相对客观的态度和评分。最后，针对最终的考核结果，认真考虑在下一段工作中应该如何进行改善和提高，并制订出下一步的绩效计划，从而完成整个绩效管理过程的闭环式循环。

5. 有效的目标设定方法

关于目标的设定，这里有几个有效的工具和大家分享。

SMART 原则：在设定目标时须遵循"五项"（SMART）基本原则。它们分别是：special（具体的），目标要具体，不要模糊，具体的目标才便于操作和执行；measurable（可度量的），目标要可度量，可度量的目标便于评价最终实现结果的好坏，以及确定日后提升的方向；attainable（可实现的），目标要可实现，可实现的目标才有意义，才会在实现后给予员工成就感和激励；realistic（现实的），目标是现实的，现实的目标才有意义，否则就只能是纸上谈兵；time-bound（有时限的），要对目标设定完成的时间，否则执行时就容易拖拖拉拉，延误效率或造成风险。

VALUE 原则：针对每一项具体的目标，需要遵循"价值VALUE"基本原则。verify（可核实的），目标的陈述是否使客观事实成为可能；authority（可负责的），你或你小组中的人是否有责任和能力去实现目标；linkage（有联系的），目标是否明确地服务于组织的全局；utilization（有用的），目标是否有助于指导决策和日常行为；easy to follow up（易于跟踪的），你是否能很容易地跟踪进展情况。

PDCA原则：针对整个考核过程，需要遵循"PDCA"的循环原则，即plan（计划）、do（实施）、check（检查）、action（处理）。这四个步骤可以应用于整个考核过程，也可以应用于其中某一个指标的考核过程，关键是这四个步骤是一个循环往复的闭环结构。

总之，无论企业处于何种发展阶段，基于有效目标设定的绩效管理，对于提升企业的竞争力都具有巨大的推动作用。在目标设定的过程中，由于我们大多数人都会受自己行为偏好的局限，目标设定可能仅仅反映了部分人的思路。这样的目标对于团队内有相反偏好的人来说没有吸引力，导致他们无法投入或者造成执行效率降低。一个目标如果不能吸引不同行为偏好的人，那么最终就无法将目标实现最优化。因此，一个良好的组织应了解员工们在各自性格类型偏好层面上的盲点，在设定目标时尽量让各种类型的人积极参与，只有这样才是最佳的目标设定方法，才能确保其最终的实现。

💗 小结：目标设定的要点

　　针对目标设定过程中的关键问题及注意事项，我们要再重点分析一下对不同性格类型偏好的人应该如何加以特别的关注（见图4-1）。

孔雀型（表达型）

发挥自己强大的信念，主动设立目标并推动目标达成，在工作过程中始终保持昂扬的斗志。但应避免在遇到困难和挫折时情绪容易低落的倾向；注意对过程中细节的把控，以便最终促使目标的达成。

老虎型（推动型）

发挥自身结果导向、方向明确的工作风格，以及在工作过程中善于控制并推动自己或他人准时完成任务的优势；但同时应注意团队合作，以期有效获得他人的支持，适当放慢脚步来增加自己的耐心。有时当问题无法解决时，可以适当地放一放和冷静一下，也许稍后会找到答案和变通方法。

猫头鹰型（分析型）

发挥自身善于制订详细工作计划及可衡量目标的优势，在工作过程中通过贯彻一致、条理分明的数据来综合分析各种潜在风险发生的可能性，以保证最终目标的达成；同时要敢于适当冒险，可以偶尔尝试一些捷径和节省时间精力的方法，从而提高工作效率。

小浣熊型（友善型）

发挥自身重视人际关系、善于团队合作的工作风格，通过获得帮助和资源来更加有效地解决问题；同时注意要勇于表达自己的感受和情感，不要对他人的反应过于敏感，面对工作过程中的变革能够尽量适应并在此过程中不断成长。

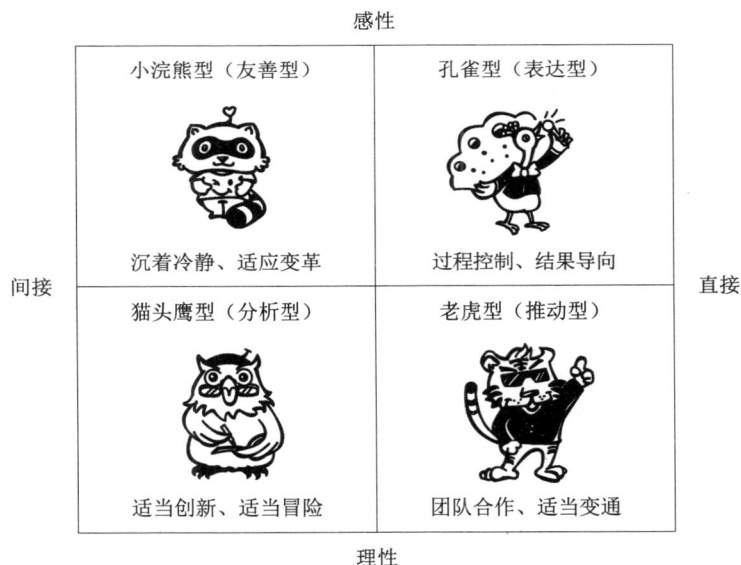

感性

小浣熊型（友善型）	孔雀型（表达型）
沉着冷静、适应变革	过程控制、结果导向
猫头鹰型（分析型）	老虎型（推动型）
适当创新、适当冒险	团队合作、适当变通

间接 ... 直接

理性

图4-1 不同性格类型偏好的人目标设定的要点

02
创造时间

  总有许多刚刚工作的朋友，在逐步成熟的过程中，承担着越来越多的工作和责任，这时他们常常会怀着无奈的心情问我一些类似下面的问题：

  "我现在的工作特别多，每天都要加班，这可怎么办呀？"

  "我在现在的工作中，当需要和别的同事配合的时候，总是控制不了别人的工作效率，最后总做不完怎么办呀？"

  "领导总是在每天快下班的时候临时交给我许多工作，而且要求当天就要完成，这可怎么办呀？"

  "我该如何分配我现在的工作，既能按时完成，又能为将来的工作做好铺垫？"

  "时间对于每个人来说都只有那么多，我怎么总是觉得我的时间不够用呀？"

初涉销售时的忙乱

Joy 如愿以偿地调到了销售部，满怀信心和憧憬地开始了新工作。在开始的几个星期内，Joy 认真地搜集相关的资料，如产品知识、销售技巧、所负责地区的目标客户及客户联系人的概况等。为了帮助 Joy 更好地进入工作状态，销售经理 Kevin 每周都会和 Joy 交流一下她本周的工作完成情况和下周工作计划。到了第二周周末谈话的时候，出现了这样的情况。

Kevin："Joy，你调至销售部两周以来，怎么都不去见客户？而且上周末在做本周计划的时候，你有一天是要安排见客户的呀？"

Joy："领导，本来这周四我是要去拜访客户的，可是周三的时候，我还是觉得我没有准备好，所以周四就没去。"

Kevin："那这两周你都在做什么呀？"

Joy 的老毛病又犯了："Kevin，我从调到销售部的第一天起，首先，进一步详细了解销售每天做的工作是什么；其次，按照工作内容寻找相关的资料；然后……"

Kevin："知识是永远都学不完的，总不能因为学习和准备就不去见客户了，而且大多数知识和能力需要到实践中去检验，你难道没听说过吗？如果没有实践……"

那么 Joy 该如何在新的岗位上通过有效的时间管理来尽快适应

新的工作并取得良好的业绩呢？接下来我就从两个方面来和大家分享。这两个方面分别为：不同性格类型偏好的人在时间管理上的差别、有效的时间管理方法。

不同性格类型偏好的人在时间管理上的差别

1. 最善于管理时间的人

说到时间管理，毫无疑问在我们的印象中做得最好的就算是 D 型的人了。我们每个人从上小学开始，那些提前或准时交作业的同学都会成为老师眼里的"乖宝宝"；而那些没有按照规定时间交作业的学生，无论他们完成作业的最终质量是否达标，都会遭到批评。

这一规律在职场上往往也同样适用，在工作中那些绩效优秀的员工大多数属于 D 型的人，而那些表现不好的人往往属于"小浣熊型"。后者经常会被领导和同事这样评价："这是个工作认真、有耐心的同事，但总是跟不上大家的步伐。"职场中的快速反应、高效即时，成就了 D 型员工得天独厚的优势，而"小浣熊型"的员工总是会被误会"拖后腿"，他们往往在相对宽松的氛围中充分发挥他们善解人意、乐于倾听的工作方式，因此良好、耐心的工作氛围是"小浣熊"们的天堂。

在现实生活中，餐厅会为提前订餐的客户安排好他们想要的位置，但如果你在餐厅规定的时间内没有到达，则会被取消座位。总之，当下是时间就是金钱、速度就是效益的年代，我们只有做好时间管理，得到的回报才会更加诱人。无论你的智商高低、情商如何，学会更好地管理时间，提前或准时完成工作，就有可能得到更好的发展机会。

其实公正客观地来看，排除员工的主观上不想把工作做好以外，大多数情况是由性格本身的差异造成了做事风格的不同。那是否 D 型的人在时间管理上就无可挑剔？虽然他们的原则看起来完美无缺，他们经常说："任何事情都不能阻挡工作的完成，我们只看结果，不看过程……"但在实际工作中他们也会发生为了提前完成工作报告而忽略质量的情况，之后又会事后诸葛亮地说，"早知道这事儿这么复杂，我再提前一些时间安排就好了""这件事要是再多给我一些时间，我肯定能做得更好"……过于追求完成结果的做法，会让我们忽视最终的质量和对过程的控制，从而造成后期弥补所带来的成本的增加。

就像在本文前面所讲到的那样，这种由性格类型偏好本身的影响所带来的行为风格上的差异，本无好坏之分，当我们在时间管理上遇到问题的时候，不仅仅要看到这种差异带来的结果上的不同，更重要的是要找到原因，发现方法，不断完善。否则，这种差异就会带来团队内的诸多矛盾，有时甚至会影响同事之间的关系，导致私人之间的矛盾。无论是给工作，还是给个人都会造成负面影响。

下面我们就简单总结一下，不同性格类型偏好以及由此组成的性格类型之间在看待时间问题上的差异，以及如何才能更好地管理时间。

D 型：时间就是生命，浪费时间等于自杀。

I 型：时间就在那里，重要的是享受过程。

R 型：时间就是资源，重要的是严格规划。

E 型：时间就是纽带，连接着你我的情感。

2. D 型人和 I 型人在时间管理上的差别

每个人一生中的工作时间各不相同，这取决于谁能更加有效地安排时间。针对此点，相对来讲，D 型的人会更有优势，因为他们遇到问题时往往喜欢用最直接的思考方式形成自己的想法和意见，然后快速地反馈给别人。I 型的人遇到问题时，往往首先选择一个安静的角落通过自己以往的经验，寻找内心对问题的想法和意见，并反复推敲，然后再伺机用适当的方式反馈给别人。

同时，与别人交流的方法也会存在一些差异。D 型的人喜欢用最简单的方式表达自己的思想和情感，同时他们也善于推动对方表达。在此过程中双方不断碰撞和修正，从而形成共同的结论。而 I 型的人往往会在此过程中缺乏与别人及时的交流和分享，当遇到分歧时也不会直接给予对方反馈，有时甚至会发生因双方交流"短路"而前功尽弃的情况。

综上，为了更加有效地利用时间，D 型和 I 型的人均应该既了解自身偏好又了解对方的偏好，这样才能做到真正的设身处地。比如，D 型的人应该认识到，他们要渐渐学会适当减少说话的频率和每次说话的信息量，并在此之前开始思考，不要总是说了再想或者做了再想。同时，在与 I 型的人沟通、确认工作思路和进度的时候，你要为他们预留思考、反应和做决定的时间。在进行时间超过一个小时的培训和讨论中，适当安排茶歇的时间，以便让 I 型的人回味刚才交流的内容，这样更利于最终一致方案的达成。因为适当驻足思考，会大大提高 I 型人的工作效率。

反之，I 型的人应该更早地意识到：认真地思考和谨慎地考虑对方输出的信息以及自己应该用何种方式接收并反馈自身的信息，都是为了更好地做出最终的决定。不能推动最终结果的任何过程都将失去它本身的意义。此外，I 型的人还应考虑到 D 型的人所具有的性格类型偏好有可能造成的潜在风险，以及控制、纠正这些风险所需要额外花费的时间和资源，并提前做好预防工作。

3. R 型人和 E 型人在时间管理上的差别

无论在生活还是在工作中，R 型的人管理时间的核心是事情本身，而 E 型的人则会将事情给他人或自己带来的情感上的影响作为核心考虑对象。具体来说，R 型的人在时间管理上主要会针对不同的事情或者事件按照全天或者整体计划中的重要性和紧急性来进行排序。虽然 R 型的人并不都擅长解决复杂棘手的事情，但如果这些事情在重要性和紧急性上均需要立即解决，那么他们会毫不犹豫地开始着手这些工作。因为他们坚定不移地认为相对于事情本身的重要性，任何困难都算不了什么，而且办法永远比困难多。此外，他们同样坚信当这些最困难的事情都解决了，剩下来的问题解决起来必将易如反掌、势如破竹。

反之，E 型的人在时间管理上主要考虑在全天或者整体计划中有哪些人是需要自己去沟通和协调的，在这些人当中又有哪些是相对比较难相处的，或者哪些曾经和自己发生过摩擦和争执。如果 E 型的人在遇到复杂棘手的问题时，正好碰到和这件事相关的人符合上述特征，那么 E 型的人通常会将这些事情尽量安排在全天或者整体计划中的最后部分，而且有时甚至到了迫不得已的时候才开始着手处理。

当然，上面的分析所谈到的内容并不意味着 R 型的人必将勇往直前、使命必达，而 E 型的人只会磨磨蹭蹭、踟蹰不前。事实上，R 型的人经常在做事情的过程中过于挑剔而忽视对他人情感上的关注，比如在面对需要鼓励、激励、表扬其他人的时候，显得"手足无措"或"江郎才尽"。甚至有时在面临所在团队或者部门的娱乐活动，比如集体 K 歌时，R 型的人往往是碍于工作情面硬着头皮前往的。虽然这种情况在一定程度上也会因为是属于直接的还是间接的 R 型而有所区别，但最核心的本质是一样的，R 型的人更加关注事情的本身而较易忽略对方的感受。而 E 型的人更愿意关注事情对人的影响而非事情本身，他们更倾向于花时间去倾听他人的困难和感受，为他人排忧解难，或者花更多的时间去协调人际关系。

即使如上所说，R 型和 E 型的人也不应相互完全独立且各自为政，而应该相互借鉴、取长补短。R 型的人需要 E 型的人帮助他们了解过程和结果同样重要，人和事情本无孰轻孰重，而是需要共同关注。此外，E 型的人需要 R 型的人把他们从没完没了的人情世故中及时拖拽出来，瞻前顾后只会让周围的人觉得你过于世故。每个项目的实施过程不仅仅是为了和人相处，且让每个人都喜欢你，再和谐的人际关系如果不能推动事情的完成，对工作也不会有任何重要的意义。

虽然每个人都有自己不同的行为偏好和方式，但大家都会在各自的偏好下愉快地生活和工作着。R 型的人每天认真地做着计划，他们会因为所有的事情都在自己的计划之列，而感到异常踏实和欣慰。另一边，E 型的人每天都在以能为别人提供帮助而感到心灵上的慰藉，他们的情感经常此起彼伏，"一切景语皆情语"为他们的生活和工作增添了无限的乐趣和惆怅。

4. 好员工的标准

事情的延误总是令人懊恼的一件事，但有时也未必是时间管理的核心问题。一部分人的问题在于他们同时开展的工作过多，零零散散没有重点，结果事情倒是完成了一些，但那些最重要的事情却被忽略了。我曾经的一个同事小王，在做了两年的销售以后，由于业绩出色、人际关系融洽而被提升为销售主管，负责管理一支有 10 名销售人员组成的团队。在刚刚上任时，小王仍然整天忙着自己见客户、了解客户需求、售卖公司的产品。看到业绩不好的下属，就马上把他们不能成交的客户接手过来，自己冲在第一线去把客户搞定。而把自己作为销售主管的最重要的考核指标——团队销售任务的达成率抛在了脑后。个别客户的需求总是排在他工作的第一位，并占据他大部分工作时间，而团队整体客户的需求分析、团队整体销售数据的统计分析、团队整体工作效率的提升都被放在了后面，而这些才是他工作中最重要的事情。一个月以后，小王的工作简直是一团糟，团队月度指标没有完成，他一下子由超额完成指标的销售明星变成了不能达成业绩的销售主管。

不过令他欣慰的是，一两个业绩差的同事倒是很感激他，因为他帮助他们完成了指标。小王常常直接和感性地对待工作。比如，本来应参加与几个下属事先安排好的会议，却由于另外一位销售人员要去拜访一位难缠的客户，而临时改变会议行程去拜访了客户，他完全忘了自己是个销售主管而非销售人员。

等到我找他沟通的时候，他已经完全由原来的神采奕奕变得灰头土脸，丧失信心。而提拔他做主管的那位经理也在为自己的错误决定而深深懊恼。这位经理觉得自己的团队不但增添了一位无能的主管，还丧失了一位出色的销售员。我尝试着和小王交流，试图帮他找出问题所在。通过沟通我发现，小王是个典型的"孔雀型"领导者，他喜欢在面对所有事情时都冲在前面，喜欢被关注的感觉。仔细斟酌后，我尝试着让他首先想办法为自己留出一些时间和空间用于思考自己的角色，分配自己在不同工作内容上的时间和精力，并鼓励他先从一些重要并紧急的事情入手，比如对下属的业绩完成情况进行分析，并找出 2 ～ 3 名优秀的下属帮助他辅导业绩不好的下属。然后我建议他先从一件事情入手，集中精力完成它，以便能够迅速建立起对工作的信心和成就感。当做完第一件事后再着手开始另一件事，并学会适当授权。

此后，当小王按照我们商量好的方法顺利完成第一件事以后，逐步找到了我们预期中的成就感。并且他还意识到自己确实需要逐渐学会控制自己的急性子，事情需要一件一件完成。此后他的工作开始逐步向好的方向发展，虽然在他的内心深处还是有想把所有事情都一股脑儿做完的冲动。小王永远不可能变成"猫头鹰型"的人，我建议他逐渐学会对工作和生活中的事情按轻重缓急归类，一步一步地将事情变得井井有条。

5. 学会适当放松

在我提供咨询服务的企业中，曾经有这样一位高级管理人员，同事们都叫他王总。他对事情的发展和时间的绝对控制让周围绝大多数同事都感到非常不舒服，甚至有时他自己都会觉得无法忍受。任何一件事如果没有经过事先精心的计划和准备都会让他坐立不安，王总的座右铭就是"行大事者必拘小节"。如果有下属打乱了他做事的计划，那么他就会异常严厉地批评他做事毫无章法，任意胡来。他要求自己和下属在做事前必须制订周密的计划，还通常会有几套备选方案，以备不时之需。在此过程中，有的同事会嘲笑他杞人忧天，但这非但没有让他改变自己的做事偏好，反而让他更加坚定了这样做的信心，他必须向这些同事证明他的工作方式才是最专业的。从理论上说，一个好的将军是从不打无准备之仗的，而且在外部伙伴看来，王总的确是个英明神武的领导。

当我第一次坐下来和王总沟通时，我尝试着用他能够接受的方法条理分明地和他讲："当若干年过去后，再回首看看今天发生的事情，您是否会觉得这种严密的工作方式可以适当调整一下。"王总听后没有立即给予任何反馈，我知道他又在严密地思考着我的这个问题，如果没有找到精确的答案，他是不会回答我的。但沟通后的结果是，我需要协助他制订一个有效的计划来帮助他适当调整一下工作方法和频率，否则总有一天他或者下属中的一方会完全崩溃。

让我觉得欣慰的是，通过几次分享和交流，他逐渐意识到目前的工作方法会给自己的同事造成巨大压力，并最终会影响到包括自己在内的所有人。他开始同意我给他的一些建议，比如：在周末尝试着不再考虑任何工作上的事情；出差的时候，将自己的工作适当授权给下属，以便在不能接听电话时不会因为害怕耽误工作而心烦意乱。此外，可以在业余时间安排一些自己喜欢的活动，比如听古典音乐，看时尚杂志，甚至可以去逛商场买些时尚的衣服。当然基于王总的行为偏好，这些业余活动也是按照计划进行的，只是不再那么紧张，不再那么有压迫感。

当然我从未想过把王总变成一个"孔雀型"的人，我也永远做不到这一点，我只是想让他能够适当放松一点儿，宽松愉悦对任何人的身心健康都会有好处，某种程度上还会提高工作效率。

6. 拖延时间与性格特征

拖延时间是否是某一种性格特征的人的专利，或者是根本就不会在某种性格特征的人身上发生？其实上述两种说法均有所偏颇。实际上每种性格特征都有拖延时间的习惯，都会发生拖延时间的情况。其原因在于当不同性格的人遇到他们不愿意做的事情的时候，就会发生拖延时间的情况。

D型： 当他们遇到需要独自一个人坐下来静静思考的事情时，他们往往会拖延时间。并不是他们不擅长思考或对思考感到反感，只是他们更喜欢将他们对事情的第一反应立即拿出来和周围的人分享。

I型： 当他们遇到需要将某些事情拿出来和周围的人进行互动、讨论的时候，他们往往会拖延时间。因为他们会认为在没有经过自己仔细思考就讨论简直是胡言乱语，而当碰到需要他们通过参加聚会或者占用业余时间才能解决的问题时，他们认为那简直就是浪费时间，他们更愿意直接把这些时间用在思考上。

R型： 当他们遇到需要处理复杂的人际关系问题时，他们往往会拖延时间，比如让他们去调解同事之间的矛盾或者调解客户与公司之间的争端。他们更愿意花这些时间与同事讨论下一步的工作计划，或者对客户进行深度访谈以分析了解他们的消费需求。

E型： 当他们遇到职场上有伤感情的负面事件时，他们往往会拖延时间。比如批评同事或者下属的工作不力，或者把不好的消息告诉别人。他们更愿意花时间来进行感情交流或者花时间在团队协作的活动上，就算是在一起喝酒、吃饭也是有意义的。当然最好还是能帮助他人取得工作上的进步，提高工作效率。

7. 时间能否控制

在面临时间问题时，你需要了解到底应该控制时间还是适应时间。因为这会决定你在面临压力时，是被压力压垮，还是将压力转换为动力。比如，你在早上准备好了去参加一个非常重要的会议，但拥挤不堪的交通状况，或者不知什么原因与老婆吵了一架，或者自己的小孩生病需要立即送往医院就诊等状况，会迫使你迟到很长时间，甚至无法参加会议。如果你是一个老虎型的人，在面临会议迟到时你会丧失处理突发事件的冷静和能力。老虎型的人往往不习惯"车到山前必有路"的柳暗花明，他们习惯于将所有事情都牢牢地掌控在自己手上。否则他们会大发脾气，甚至失去理智，但这样往往只能使事情朝更加糟糕的趋势发展。

如果你事先了解自己是个老虎型的人并且知道自己需要完善的方面，当上述类似情况发生时，你就可以尝试着告诉自己找其他的方式去处理这个问题，也更加容易地去自我调解。比如是否可以在事先取得上司同意的情况下，通过电话参加或者安排别的同事代替参加，甚至改变会议的时间。也许过了一个月你会发现，其实那个会议并不是必须在那个时间开的，换个时间根本不会耽误任何事情。

我们再来想一想，如果是小浣熊型的人遇到上述类似情况会怎样。他们也许会说："天哪，我正为没有完全准备好会议发言稿而万分焦虑，看来是老天爷特意安排了交通堵塞，让我能够利用这个时间把发言再好好准备一下。"当然这个例子并不是让你盼着在每次重要会议之前都遇到交通堵塞，它只是告诉你，当你知道自己是个小浣熊型的人时，当你知道自己有随机应变的偏好时，你在处理临时突发事件时会更加游刃有余，一个及时的电话沟通也许就可以决定到底是安排其他同事参加还是更改会议时间。

综上，如果老虎型的人对于变化的情况多一些适应而少一些对周围事情的控制，而小浣熊型的人能够更好地控制时间且具有更多的主动性和紧迫性，那么两者均会更好地利用时间。

有效的时间管理方法

从上面的分析中我们可以看到，通过更好地了解自己的性格类型偏好来把控时间，会使时间问题得到更有效的解决。因此，无论你是何种性格类型偏好的人，都应该记住以下几点：

1. 人们在做他们不喜欢或不擅长的事情时往往会倾向于拖延时间，当我们发现一个人总是不断推迟一件他必须完成的工作时，我们就可以判断出此刻他需要帮助和支持。

2. 每种性格类型偏好都会有控制和适应时间的需要，并且他们各自擅长的方面是不一样的，通常 R 型的人更喜欢掌控时间，而

E 型的人更喜欢适应时间，两方需要相互理解、包容和适应，任何一方都不要试图完全改变另一方。

3. 时间管理的方法是随着人类社会的经济发展而不断变化的，正是人们对时间管理有效性的不断提高促进了人类经济的快速发展。人类社会从农业革命到工业革命再到信息革命，时间管理经历了四个阶段：

第一阶段，着重强调利用便条与备忘录，在众多事情的忙碌间调配时间和精力，争取每件事都不遗忘。

第二阶段，着重强调行事与日程表，此时人们在时间管理中已经注意到规划未来的重要性。

第三阶段，着重强调优先顺序的观念，即根据事情的轻重缓急设定短、中、长期目标，再逐日制订实现目标的计划，将有限的时间、精力加以分配，以达到工作效率的最大化。但此时仍是以事为中心。

第四阶段，随着全球经济的快速发展，人们渐渐发现在此过程中遗漏了对于所有人来说最重要的一样东西——我们管理的是人，而不是机器，基于人本身特性管理的任何工具终将不会长久地发挥作用。我在第一章提到过的史蒂芬·柯维（Stephen R. Covey）博士（美国著名的领导力大师、人际关系专家、美国前总统克林顿的核心顾问）的书《与成功有约》（又译名《高效能人士的七个习惯》）中创新性地提出以人为核心的时间管理方法。之所以以人为核心，是因为如果仅仅着重于时间与事务的安排，则会忽略人的感受，而以人为中心则可以更好地帮助人们平衡工作、家庭、效率、精力。该方法提出将工作按照重要程度和紧急程度两个维度加以分析，并根据不同的情况分别予以处理（见图4-2）。

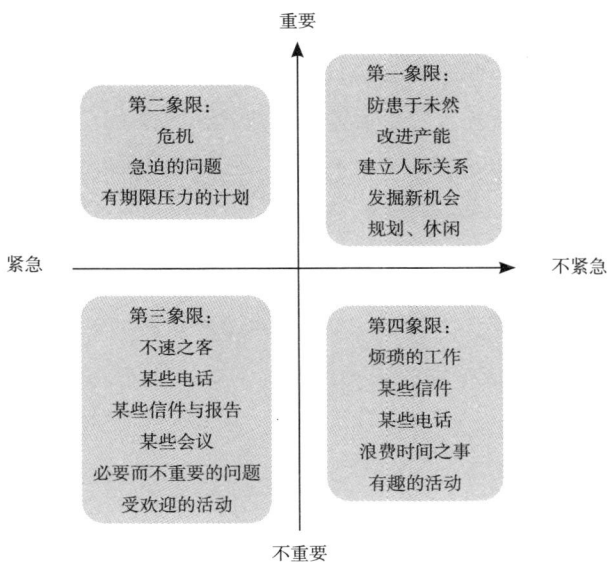

图4-2 工作时间管理的四象限

根据上图 [①]，首先你要做重要且紧急的事情，其次处理那些不重要但非常紧急的事情，再次思考和安排那些非常重要但不紧急的事情，这些事情如果不提前做好安排，未来它们会演化成重要且紧

---

① 该图摘自：柯维 . 与成功有约 [M] . 顾淑馨，译 . 北京：生活·读书·新知三联书店，1996:118.

急的事情，最后你可以利用闲散时间或在相对精力不那么旺盛的时间里做那些既不重要也不紧急的事情。

💗 小结：时间管理的要点

针对时间管理过程中的关键问题及注意事项，我们要再重点分析一下对不同性格类型的人应该如何加以特别的关注（见图 4-3）。

孔雀型（表达型）

时间很宝贵，所以才以快速的反应和敏捷的速度来使时间利用最大化！但在按时完成任务的同时，也要关注工作的质量。虽然说做了总比没做好，但通过细致化的时间安排才能保证做了就尽量做好。

老虎型（推动型）

有效的时间管理是保证工作结果的重要条件，因此对于时间的严格控制是异常必要的。此外，当时间和质量发生冲突的时候，必须迅速精准地做出平衡。

猫头鹰型（分析型）

时间是要严格控制和遵守的，因为所有事情的成败都在于事先良好的时间规划。此外，如果由于时间紧张有可能降低工作的质量，那么则需要平衡时间和质量，毕竟这世界上没有尽善尽美的事情。

小浣熊型（友善型）

时间很重要，虽然很多时候不是自己能够控制的，因为会有很多外界因素的干扰，但自己至少要更有效地控制时间，提高工作效率，同时在面对时间的压力时，还要注意稳定情绪，以免干扰工作的开展而更加耽误时间。

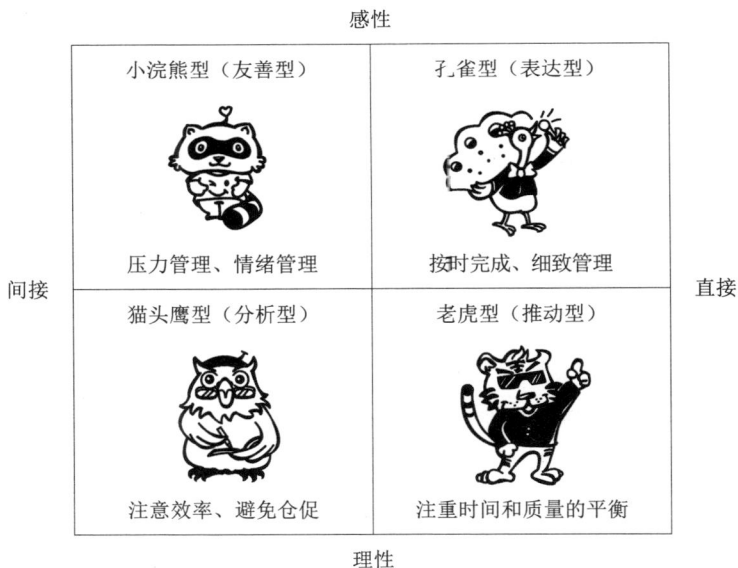

感性

小浣熊型（友善型）	孔雀型（表达型）
压力管理、情绪管理	按时完成、细致管理
猫头鹰型（分析型）	老虎型（推动型）
注意效率、避免仓促	注重时间和质量的平衡

间接　　　　　　　　　　　　　　　　　直接

理性

图4-3　不同性格类型偏好的人时间管理的要点

03
工作中的干戈和玉帛

　　总有许多刚工作的同学，在面临各种与同事和客户的冲突时，显得异常沮丧，犹犹豫豫地问了我一些类似问题：

　　"昨天我和同事因为一些小事争吵起来了，我今后该如何与她相处，怎么办呀？"

　　"我们部门在开会时，总是为某个问题的解决方式而不停地讨论，甚至争吵，这时我该怎么办呀？"

　　"昨天我的领导仅仅因为我算错了一个数，就狠狠地批评了我，当时我真想和她大吵一番，我是不是不该有这个想法呀？"

　　"昨天客户给我打电话，不分青红皂白地就训了我一顿，后来经过我解释，客户才发现打错电话了，当时我可真委屈。就算是我的问题，难道她就不能客气一点儿吗？"

"我如何分辨善意的冲突和恶意的冲突呀？发生这两种情况时我该如何做呀？"

客户冲突的解决

Joy 在开展销售工作的过程中，随着慢慢地熟悉了解客户，工作也开始越来越顺利。在一次拜访客户的过程中，由于这个客户和 Joy 的私人关系不错，两人聊了一阵以后，客户神秘地说："你知道这个月你所负责地区的销量为什么有所下降吗？是因为你公司别的地方的销售同事和当地的客户联合起来把货串到了你这里，所以你这里才会下降。"

Joy 听到这里才恍然大悟，经过仔细斟酌后，第二天她来到 Kevin 的办公室。

Joy："领导，我发现了一个非常严重的问题，经过核实，我所负责的地区出现了串货的情况，我认为这个问题必须立即解决，否则会严重影响公司在客户中的形象以及产品销售的稳定增长。"

Kevin："Joy，这确实是个严重的问题，需要慎重解决，否则就会影响我和那位大区销售经理的关系。而且虽然是串货，但在公司整体销售任务的完成上并没有区别。你让我好好考虑一下该如何解决。"

Kevin 将如何解决这一冲突？Joy 应该坚持公司的销售政策吗？接下来我就从两个方面来和大家分享。这两个方面分别为：不同性格类型偏好的人在冲突管理上的差别、有效地解决冲突的方法。

不同性格类型偏好的人解决冲突的差别

1. 冲突从何而来

在职场中冲突常常发生，但很多时候冲突并不一定是表面上的，也并不意味着激烈的争吵。有些冲突是我们可以看见的，这并不是最可怕的，因为可以找到冲突的爆发点并考虑如何更好地解决。最麻烦的是那些表面上异常平静，但会让你隐约觉得一场战争即将爆发或者让你有口难言的冲突，这些冲突才是更加难以面对和急需解决的，这类冲突也叫作"职场冷暴力"。比如对你的提问回以冷漠的一笑；对你提出的观点勉强表示认可，实则在后期的执行中毫不理睬事情的进度；表面与你谈笑风生，但你却能感受到对你的蔑视和厌恶。上述矛盾如果长期不能加以解决，就会由小变大，不可收拾。

有些人认为适当的冲突可以碰撞出灵感的火花，让团队创新进取；有些人认为冲突与和谐是一体两面，是人际交往中不可避免的现象，不必大惊小怪，存在即合理；有些人认为冲突是团队和谐的毁灭剂，它严重影响了团队精神，因此应该把所有冲突都扼杀在摇篮里。

不管你是哪种态度，都必须直面冲突，而不是退避三舍。没有人愿意主动制造冲突，但它却总是不请自来。大家来自不同的成长环境、有着不同的教育背景、受过不同企业文化的洗礼，这些因素都会导致冲突的发生，逃避不是真正的解决办法。

当面临冲突时，我们最应该做的就是找到有效的方法去解决它。不同性格类型偏好的人对于冲突有着不同的理解和解决方案。一句本是温馨的关怀之语，在对方看来也许就是对他能力的怀疑；一句善意中肯的批评，在对方看来也许是在挑战他的尊严；一句本来无心的规劝，在他看来也许就是对他自由的严重干涉。

每种性格类型偏好的人都在解决冲突方面有自己的擅长之处，R型的人在遇到冲突时毫不慌乱，善于分析道理并找出解决之道；E型的人遇到冲突会用心去聆听冲突的缘由所在；D型的人遇到冲突则会坦然面对，直言不讳；I型的人遇到冲突，不挑战、不逞强，有利于冲突降温。

虽然每种性格类型偏好都有解决冲突之道，但并不意味着某种性格类型就是完美无缺的。而且冲突往往会让不同性格类型偏好的人把"最不好的一面表现出来"。R型的人会更加坚持己见、毫不让步，E型的人会情绪爆发、毫无顾忌，D型的人会越争越勇、毫不留情，I型的人会默不作声、不理不睬。

由于冲突的不可避免会给公司带来潜在危机，很多公司高层领导遍访名师、建立系统、使用工具，希望能够用这些"灵丹妙药"去避免冲突或者将冲突扼杀。但我们却发现，这些秘方往往不像我们预期的那样有效。上述各种方法之所以只能发挥一定的作用是因为没有考虑人性的复杂多变，没有对人性有深刻的洞悉和理解，因此表面的解决方案就像纸上谈兵，收效甚微。

2. D 型人和 I 型人在冲突管理上的差别

由于 D 型的人总是喜欢成为人群中的焦点，总是喜欢滔滔不绝，有他们参与的沟通总是自然而然地就将冲突显现出来，而且往往有可能演化为一场"群雄"大辩论，甚至是争吵。这种情况会发生在两个 D 型的人之间，或者是一个 D 型的人和一个 I 型的人之间。遇到上述情况，D 型的人总认为自己说得头头是道，因此不断强调自己的观点，即使这些观点是未经深思熟虑的。他们认为只有这样才能够使自己的影响力发挥至极限，只有这样别人才会对他们佩服得五体投地。D 型的人总认为：再给我一分钟，你们一定会认可我的。但往往即使再过一个小时他们也不会罢休，甚至把一个观点演变成一场培训课。这时候 I 型的人恨不得抓把棉花堵上自己的耳朵，甚至会认为 D 型的人就是个疯子。

D 型的人面临的最大问题往往就是，他们希望在很短的时间内充分表达出他们的全部观点，然后周围的人立刻对他心悦诚服，尽管他们经常说了前面忘了后面，或者说了后面忘了前面。当他们意识到周围的人对他的话并不感兴趣，甚至有些厌烦的时候，他们还会继续喋喋不休，因为他们认为是自己说得还不够充分，或者他们会愣在那儿，一股失望之情油然而生，怅然神伤。当他们这样做时，往往会导致两种情况：一种是周围的人对他反感甚至抗拒；另一种是由于连 D 型的人自己都忘了到底说了什么或者哪些话是重点，大家又不得不反复讨论同一问题，一场新的冲突也随之而来。

如果 D 型的人兼具判断特质（T 型）（老虎型）就更麻烦了，因为老虎型的人不但喜欢侃侃而谈，而且长于利用权威和控制局势。因此，他们说的话更具结论性和侵略性。比如，"我认为这件事情应该这样做会更好""你这样做是有问题的""请马上按照我说的话去做，我没有时间再和你做任何讨论了"。

由于 I 型的人总是喜欢在内心深处不断反省，当面对冲突时，他们更容易进入沉思，因为此时他们需要时间来考虑该如何应对这种复杂的局面：一方面考虑用什么方法才能摆平 D 型人的咄咄逼人，另一方面考虑怎样才能让自己避免尴尬和难堪，免得覆水难收。因此，他们会深吸一口气，不断地告诉自己忍耐，忍耐，再忍耐。

面对冲突，I 型的人往往内心纠结、苦闷，并且由无处发泄而导致极大的精神压力。当 I 型的人面对由 D 型的人所引发的争论和冲突时，内心会更渴望独自思考和内省。

通过以上描述，我们可以得出结论：当团队发生冲突时，除了不断地你争我论，还应有其他的选择——给予 I 型的人充足的时间去思考，就是个不错的方法。

3. R 型人和 E 型人在冲突管理上的差别

如果说 D 型的人和 I 型的人在面对冲突时会有不同的反应和做法，那么 R 型的人和 E 型的人在遇到冲突时的反应和做法则更加大相径庭了。由于 R 型的人更喜欢追究事实、论据及结论，而 E

型的人更喜欢和谐、默契及人际关系的平衡，争论对于 R 型的人来说是理清思路、澄清事实、找到解决方案的最佳途径，而对于 E 型的人来说则是烦恼、不和谐及挑衅，只能导致事情越发糟糕。

比如，如果 R 型的人没有明白 E 型的人的观点，就会立即追问："你到底是什么意思？"这时 E 型的人则会回答："我的意思刚刚已经说明白了啊，你怎么还问？"或者说："我只是表达一下我的看法，我没有什么别的意思呀！"甚至说："我也没说什么呀，你急什么？"

这几种回答对于 R 型的人来说，简直就是毫无意义。因此 R 型的人会继续追问："你根本就没有表达出任何确切的意思。"或者说："如果你没有什么意思，那你说了这么多到底是要表达什么意思？"甚至说："我根本就没有急，我只是想搞清楚你到底是什么意思，否则我们开这个会还有什么意义！"

听到这里，E 型的人觉得 R 型的人简直就是欺人太甚，于是干脆回答说："我的意思我已经说得很清楚了，如果你不理解，我也没办法。""我们开会讨论是为了解决问题的，而不是来吵架的，请你冷静一下，我们再讨论吧。"

不出所料，一场简简单单的沟通，经过几轮你来我往之后就演变成了一场似乎不可调和的矛盾和冲突。而且双方还各执一词，各自琢磨到底问题出在了哪里。

面对上述情况，如果我们对于性格类型偏好有深入的了解，就会明白其中的奥妙——关键就在于 R 型的人和 E 型的人对于冲突的理解是迥异的。

对于冲突，R 型的人从根本上就认为冲突本身无可厚非，关键是如何解决问题，问题最终解决了，冲突也会随之消失得无影无踪。他们认为冲突是激发灵感的摇篮，是不断创新的来源和基础，人类是不断在冲突和解决问题的过程中演化和进步的。而 E 型的人则认为冲突只会导致问题越发复杂，这种不和谐简直就是人类友爱的天敌。

当工作中遇到冲突时，R 型的人会通过学习、讨论、沟通，找出解决问题的关键方法。而 E 型的人则会对冲突造成的团队分歧感到不安、愧疚和自责，他们会情绪波动、紧张甚至无助。

当冲突产生时，R 型的人希望 E 型的人能够就事论事，不要感情用事，不要动不动就面红耳赤、急不可耐。E 型的人则希望 R 型的人能适当考虑周围人的感受，不要总是强调原则、制度，而毫无人情味。

从上述的对比我们可以看出，冲突通常不能有效解决的原因在于，不同性格偏好的人从内心深处处理冲突的理念和方法是截然不同的。面对冲突，虽然 R 型的人和 E 型的人处理方式的差异会导致更大的冲突，但他们的本意其实是不愿意发生冲突的，只是出发点和思考的角度不一样而已。R 型的人总是担心不是针对事情本身来讨论，从而浪费了时间精力；E 型的人则会担心大家只关注事情而忽略了人的感受，从而使大家受到情感上的伤害。

我们只有准确意识到不同性格类型偏好行为方式的差异，才能在团队中更加有效地解决冲突，因为解决冲突的方式本身并没有好坏和对错之分，仅仅只是效果不同。大家只有相互理解、保持开放的态度和胸怀，才能找到解决冲突的钥匙和口诀。

4. 冲突向哪儿去

一般来说，大多数人会认为，世界上的人都应该和自己差不多，自己说的别人理所当然应该理解和同意。比如，如果你是 I 型人，你可能会认为人们通常不会直接说出他们的想法，而对同事表达的意见，则应该仔细认真地听，而不是不假思索地表达同意或不同意，而这个迅速表达的 D 型的人就是 I 型人所认为的"异类"。

若我们每一个人在面对冲突时都能够把性格类型偏好考虑进去，并不断告诉自己这本不是针锋相对的你死我活，而是为了寻求解决方案的暂时差异，你就会发现解决问题之路也许可以不那么遥远，可以不那么刀枪相见。R 型的人不会责怪 E 型的人感情用事，E 型的人也不会责怪 R 型的人冷若冰霜。D 型的人不会责怪 I 型的人吞吞吐吐，I 型的人不会责怪 D 型的人没心没肺。

当我们能够更好地洞悉人性的时候，R 型的人就不会认为问题只出现在别人身上了，而 E 型的人也不会总是责怪自己没有考虑周全而伤了所有人的感情。既然我们承认性格类型偏好所存在的明显差异，那么我们就不应该轻易判断冲突各方的是非对错。D 型的人总是喜欢直来直往、出尽风头，I 型的人总是暗藏玄机、不愿分享，R 型的人总是面若冰霜、苦思冥想而不着手解决问题，E 型的人总是充满情感色彩、希望让每个人都欢欣鼓舞。这世间本无流言蜚语，是我们的妄加评判才使本该长的短了，本该短的却长了。

解决冲突的有效方法

更好地了解自己性格，会使冲突得到有效的解决。因此，无论你是何种性格类型偏好的人，都应该记住以下这个有效的工具——"六项思考帽"（Six Thinking Hats）。

"六项思考帽"是英国学者爱德华·德·博诺（Edward de Bono）博士开发的一种思维训练模式。博诺博士被誉为 20 世纪改变人类思考方式的人，是创造性思维领域和思维训练领域举世公认的权威，被尊为"创新思维之父"。该种思维方式提供了"平行思维"的工具，避免将时间浪费在互相争执上，其强调"能够成为什么"，而非"本身是什么"，目的是寻求一条向前发展的路，而不争论谁对谁错。运用博诺的"六项思考帽"，将会使混乱的思考变得更清晰，使团体中无意义的争论变成集思广益的创造，使每个人变得富有创造性。

"六项思考帽"，是指使用六种不同颜色的帽子代表六种不同的思维模式。任何人都有能力使用这六种基本思维模式，但这六种思维模式在针对问题的讨论时应该遵循以下几种规律。

1. 陈述问题

陈述问题时使用"白色思考帽"（white hat），白色代表中立和客观。戴上"白色思考帽"，人们只关注事实和数据。

2. 提出解决问题的方案

提出解决问题的方案时使用"绿色思考帽"（jade hat），绿色代表茵茵芳草，象征勃勃生机。"绿色思考帽"寓意创造力和想象力，它具有创造性思考、头脑风暴、求异思维等特征。

3. 评估方案的优点

评论方案的优点时使用"黄色思考帽"（yellow hat），黄色代表价值与肯定。戴上"黄色思考帽"，人们从正面考虑问题，表达乐观的、满怀希望的、建设性的观点。

4. 对该方案进行直觉判断

对该方案进行直觉判断时，使用"红色思考帽"（red hat）。红色是情感的色彩。戴上"红色思考帽"，人们可以表现自己的情绪，还可以表达直觉、感受、预感等方面的看法。

5. 列举该方案的缺点

列举该方案的缺点时，使用"蓝色思考帽"（blue hat）。"蓝色思考帽"负责控制和调节思维过程。它负责控制各种"思考帽"的使用顺序，规划和管理整个思考过程，并负责做出结论。

6. 总结陈述，做出决策

总结陈述，做出决定时使用"黑色思考帽"（black hat）。戴上"黑色思考帽"，人们可以运用否定、怀疑、质疑的看法，合乎逻辑地进行批判，尽情发表负面的意见，找出逻辑上的错误。

总之，"六顶思考帽"是平行思维工具，是创新思维工具，也是人际沟通的操作框架，更是提高团队智商的有效方法。"六顶思考帽"是一个操作简单、经过反复验证的思维工具，它给人以热情、勇气和创造力，让每一次会议、每一次讨论、每一份报告、每一个决策都充满新意和生命力。这个工具能够帮助人们：

★提出建设性的观点。

★聆听别人的观点。

★从不同角度思考同一个问题，创造高效能的解决方案。

★用"平行思维"取代批判式思维和垂直思维。

★提高团队成员集思广益的能力，为统合综效提供操作工具。

♥ 小结：解决冲突的要点

针对冲突管理过程中的关键问题及注意事项，我们要再重点分析一下对不同性格类型偏好的人应该如何加以特别的关注（见图4-4）。

孔雀型（表达型）

冲突当然是应该避免的；应该尊重不同人的观点，即使这些观点和自己的完全相反，也要不断调整情绪，来更好地适应环境和团队。

老虎型（推动型）

理性的分析和直言不讳的坦诚是解决冲突的有效方法，因此保持坦诚的交流是非常重要的；当然还要注意对伙伴的关心和辅导，相互的支持和帮助才是有效解决问题的重要方法。

猫头鹰型（分析型）

应事先将讨论过程予以严格的监控和分析；但要尽量克服置身事外的冷眼旁观和毫无互动的自我反省。没有反馈，哪有提高。

小浣熊型（友善型）

冲突产生负面的影响，因此相互体谅、相互尊重是很重要的；此外，对团队合作要注意不能让所谓的和谐变成与世无争，没有原则的谦让是对问题的懦弱回避。

图 4-4 不同性格类型偏好的人解决冲突的要点

04
从助理到销售的蜕变

　　总有许多同学认为自己没有什么一技之长，于是就想选择做销售工作，认为销售工作门槛低，谁都可以做。可是在做了一段时间后发现这份工作并不像他们想的那样简单。其实销售工作就像我曾经讲到的那样：这座大山的门就在山脚下，你可以轻易地推开并进门，但艰难的路却在后面，你要一步步地向上攀登才会到达顶峰。于是会有很多同学在实际工作中遇到如下问题：

　　"我发现我不喜欢和陌生人打交道，是不是我不适合做销售工作呀？"

　　"我发现我特别喜欢和客户沟通交流，但是关于销售数据的统计分析和市场竞争情况的研究真把我烦死了，我能不能和领导说说，只要我完成任务了，就别让我做那么详细琐碎的分析工作了？"

"我发现和客户沟通得非常顺利，但由于经常在外面拜访客户，在办公室待的时间少了，我反而在公司的内部协调上遇到了困难，支持部门的人为什么不理解我们销售的苦衷呀？"

"我的领导只关注我的销售指标完成情况，一点儿也不关心我的辛苦，我委屈极了，怎么办呀？"

"销售这个工作能够让我有长期的发展吗？要是有一天我岁数大了跑不动了，该怎么办呀？"

客户为什么会这样

Joy 在一次拜访客户的过程中发生了一件让她在销售生涯中难以忘怀的事情，并且这件事情会一直激励着她不断提升和进步。Joy 所负责地区的一个客户一直没有采购 Joy 公司的互联网广告产品，为了能够实现销售的突破，Joy 在拜访之前做了很多准备工作，包括客户每年互联网采购的大致预算、客户公司决策人、客户直接负责人、竞争对手产品等详细资料的收集、整理和分析。而且 Joy 还委托朋友帮忙把她的情况向客户的直接负责人进行了介绍，并且提前一周和对方预约了见面的时间。在拜访当天，Joy 精神满满地到了客户公司，敲开了客户联系人的办公室。

Joy："张经理您好，我是 ×× 公司的销售代表 Joy，我上周和您约好今天来拜访您。我这次的目的是和您介绍一下我公司互联网广告的产品类别及效果。"

张经理："你没看到我正忙吗？再说了，你根本就没有和我预约呀。"

Joy："张经理，我确实上周就和您约好了，您怎么忘了呢？"

张经理："每天都会有不同的供应商约我见面，烦死了，我都没时间做别的事情了，我哪记得清到底哪天谁约了我呀？"

Joy："好的，张经理，那可能是我记错了吧，实在抱歉。那您看看您这周还有其他的时间吗？届时我再来拜访您。"

张经理："再说吧，到时候我们再电话联系。我很忙，就这样吧。"

不同性格类型偏好的人在销售过程中的差别

1. 销售产品和销售自己

关于怎样才算一个优秀销售人员的话题，人们喋喋不休地争论了很长时间，大家往往各执己见。有人说："再好的销售人员，如果产品不好，也没有办法。"有人说："产品不重要，一个优秀的销售人员是可以把什么产品都销售出去的，因此没有不合格的产品，只有不合格的销售员。"还有人说："一个优秀的销售人员应该首先把自己销售出去，然后才是产品。"那么销售到底是个什么样的工作呢？如何才能做好销售工作呢？

客观地讲，做好销售工作，除了必备的行业、产品知识，以及沟通能力和谈判能力以外，更重要的是一个人能否在人格方面（包括性格和动机）更适合这项工作，这就取决于我们是否能够洞悉自己和他人的性格类型。从性格的角度来讲，本书中所谈到的四种性格类型偏好的人在销售人员中都会存在，并且他们都有成为优秀销售人员的潜力。

从性格类型偏好的角度来看，由于销售工作在整个成交的过程中体现最多的就是人与人之间的充分互动，我们以往看到的有关沟通技巧的书籍或文章中的知识其实都可以在销售时派上用场，比如：你该知道何时倾听、何时表达、何时前进、何时后退、何时成交等。但在所有的沟通技巧中，顶级的沟通技巧其实是"沉默"。看到这，一定会有很多人质疑我的这个观点，我再进一步解释一下，大家就会明白了。这里面所说的"沉默"不是指没有沟通，而是指当你越来越洞悉人性的时候，你所需要沟通的语言就会越少、越精准、越能打动对方的心灵，甚至仅靠眼神交流就可以双方达成一致了。英文中有句谚语——Try on the other's shoes，即站在对方的角度，或者简言之为"共情"。

此外，销售不仅仅发生在销售人员和客户之间，工作中的很多方面也都体现出销售的特质。比如公司向员工"销售"公司理念和价值观，人力资源部向员工"销售"相关政策和制度，领导向下属"销售"管理理念和流程，下属向领导"销售"自己工作的建议和结果。再比如在家里，父母向子女"销售"正确的生活方式和习惯，子女向父母"销售"自己未来工作的想法，等等。可以说销售无所不在，那也就意味着对性格类型偏好的洞悉也必将无所不在。

2. 销售人员和老师

说起销售人员的工作，其实和老师的工作在某种程度上是一样的。在老师教授知识的过程中，首先自己要学会并精通这些知识，然后要教给学生的东西是学生在成长过程中必需的，并且是能使学生们成长的。这一点对于销售人员来说同样如此。

有的类型的人天生就适合当老师。比如孔雀型的人在销售方面就会较之其他类型的人更容易上手。他们身上所体现的性格类型偏好会让他们更容易成为一个打动客户的人，更容易成为销售明星。

为什么会这样呢？基于大家在前面所看到和掌握的关于性格类型偏好的知识，我们再一起来分析一下这里面的原因。

孔雀型的人由 D 型和 E 型所组成，这两点的组合决定了孔雀型的人乐于和陌生人打交道，乐于助人，乐于与他人分享，同时还擅长推动事情的发展。

首先，D 型的人最合群，勇于承担。因此如果销售人员是个 D 型的人，那么他会很快营造出一个活泼轻松的沟通氛围，并且让这种氛围感染客户，使双方在友好的氛围中对事情的看法达成一致。

其次，E 型的人最乐于设身处地为他人着想，并把这种对他人的关心和爱护转为对方最乐于接受的沟通方式，这种沟通方式往往让别人难以拒绝。E 型的人在销售过程中往往首先关注的不是产品本身，而是客户的真正需求和思想感受。

从本书第 2 章第 1 节（如何选择职业方向）的分析中我们可以

看到，在从事各种职业的人的性格类型偏好的统计中，孔雀型的人做销售工作的概率最大。

与孔雀型的性格类型偏好完全相反的是猫头鹰型，从猫头鹰型的人所具备的特征来看，和销售人员所具备的特征恰恰相反，因此若想成为优秀的销售就要付出更多的努力和成本。

我刚刚提到，所有性格类型偏好的人都有可能成为销售明星。但也不能保证孔雀型的人就一定喜欢销售工作，或者必然成为销售冠军；同时，猫头鹰型的人也并不意味着在销售道路上一事无成。销售是个非常复杂的过程，个人性格类型的偏好并不是决定其是否能够达成最终交易的唯一因素，这也是为什么销售工作的真正挑战是来自你敲开门后的那段翻山越岭的精彩旅程。但如果我们能够洞悉人性，了解性格类型偏好，就会向着销售的山顶迈出更近的一步。

在我以前任职的一家互联网公司中，大部分的职员岗位是电话销售。电话销售的最大特征是客户不能看到你的表情、不能看到你的肢体语言，你所能够呈现在客户面前的就是你的语言、语音和语调，因此在每一通与客户交流的电话中，你都要试图让客户通过你的声音来感受到，甚至"看到"你本人，就像与你面对面交流一样。因此特别要注意的是，你必须不断使用"我了解您的感受""我非常认同您的观点""我能不能这样理解您的意思"等话语来表达你在认真地倾听客户的谈话及你正在积极给予客户反馈。

3. D型人和I型人在销售过程中的差别

D型的人天生就是个演讲家，他们善于主动建立关系、搞人际平衡，社交能力高，因此更容易说服客户。他们总是在各种场合的聚会上，捕捉客户的潜在需求，并且从不轻易放弃任何一个销售产品的机会。D型销售人员通过更多的互动和交流让客户与其产生共鸣，而且这种共鸣会随着双方交流的不断深入而愈加强烈，同时这种强烈的共鸣更会激发D型销售人员的工作兴致和信心，就算是客户的一个赞许的点头，对于D型销售人员来说也是莫大的鼓励。

但D型的人的最大优势也是他们最大的弱势。他们过于强调沟通的话语数量和沟通的速度，如果客户没有给予及时充分的反馈，他们就会持续地增强沟通的内容，这样会让客户反感，产生抵触情绪。因此，D型的人必须学会适当倾听，在某种情况下甚至是用沉默来表达他们对客户所说的话的重视和认可。此外，如果客户没有及时对D型的人给予认可和反馈，就会令D型的人产生极大的挫败感，而且如果D型的人同时又是E型的人，那么这种挫败感会让其产生退缩心理，情绪异常激动，从而导致与客户的冲突。

I型的人乐于倾听，因此无论对方客户是D型的人还是I型的人都能感受到一种默默的认同和尊重。比如当那些目的强烈的D型客户问道："这个产品的价格我能够接受，但它能够满足我刚才说的几点需求吗？"这时销售人员只需坚定地点一点头就会达成此次交易。比如对于那些I型的客户在默默地挑选自己喜欢的产品时，I

型的销售人员在一定距离以外的安静关注，会让 I 型的客户在心理上产生安全感，以便获得足够的空间和时间来决定到底选择哪个产品。随后 I 型的客户经过深思熟虑有了初步意愿后，I 型的销售人员只需给予短短的认可或实事求是的介绍，就可以强化 I 型客户购买的决心，从而达成最终的交易。

当 D 型的客户在对产品产生无数个问题或疑问的时候，由于 I 型的销售不善言谈而无法证明自己产品的优势，客户失去了原有的购买兴趣，或者没有感受到销售人员对他的重视，因此丧失掉一个绝好的销售机会。

综上，如果两种性格类型偏好的人没有运用适当的沟通方式，就会让客户误认为 D 型的销售人员只会喋喋不休、王婆卖瓜自卖自夸，而 I 型的销售人员无所事事、当一天和尚撞一天钟。

4. R 型人和 E 型人他们在销售过程中的差别

R 型的人在整个销售过程中，会充分发挥他们冷静、客观的性格类型偏好，以及严谨的逻辑分析能力。他们会为了销售产品而说出一大堆的理由；同时也会为了某种他们不认为对你有用或者你不喜欢的产品而举出种种不适合你的理由。R 型的人在整个销售过程中都会一直强调这个产品的质量和性价比，仿佛如果客户不买，他就没有尽到职责一样。

在所有的性格类型偏好中，R 型的人给客户的感受有时会有点儿难以接受和冷漠，因为他们觉得客户是来买产品的，又不是来和自己交朋友的,把产品解释清楚不就行了吗,为什么还要笑脸相迎?有时候,R 型的人要证明他们推荐的产品是最适合客户需求的而和客户起了冲突,最终导致客户生气而放弃购买,即使是这样,他们也会固执地认为是客户没有眼光,错过了一个非常好的产品。

E 型的人在整个销售过程中,最注重的就是客户的购买感受,他们更愿意站在客户的角度去考虑客户需要什么产品。他们会常常问自己:"如果我自己买了这个产品,我会喜欢吗?它能满足我的需求吗?"E 型的人把客户的购买体验和需求作为自己最重要的工作,他们更接受"客户是上帝"的这个说法。E 型的人天生喜欢替别人考虑和着想,因此他们特别希望在整个销售过程中都与客户保持友善、和谐的关系。就算客户经过慎重考虑最终没有购买他们的产品,他们也不会觉得遗憾,甚至他们会为客户找到了其他可以满足自己需求的产品而感到欣慰,为此他们可以不在乎销售指标的达成,因为满足客户需求才是最重要的。

因此,E 型的人在整个销售过程中都是跟着客户的思路走,而往往丧失了对客户需求的客观判断,有时也会因为客户自身的疏忽而让客户买到了不理想的产品。这时候 E 型的人又会陷入深深的自责,责怪自己当时为什么没说出看法和建议,他们的工作信心和热情也会因此受到极大的打击。

5. 宛若新生和性价比

每个女人都梦想着能像武侠小说里的天山童姥一样,岁月和年龄不会在她们的面颊上留下任何的痕迹，"今年二十，明年十八"是每个女人的期望。

如果你做过销售，你就一定知道任何产品都会有两个属性，即基本属性（物质属性）和情感属性（精神属性），这两个属性分别满足了客户的基本诉求和情感诉求。不同产品由于市场定位的不同，这两个属性在整个销售过程和满足客户需求的过程中也发挥着不同的作用。通常越是能满足客户情感诉求的产品，与客户的距离就越近，客户对产品品牌及细分功能的关切度就越高，客户对产品细分市场与品牌种类的要求也会越多。化妆品就是这样一类需要突出满足客户情感诉求的产品，因此这类产品首先在情感上要理解和认同客户希望自己"重返青春"的梦想，这是不断诱导客户购买化妆品的情感因素。此外，化妆品的质量、价格、设计、安全、颜色，则体现了产品满足客户基本诉求的属性。化妆品首先利用了情感属性吸引客户前来购买，然后靠基本属性卖给客户。

在销售过程中要充分利用性格类型偏好的不同，引发客户购买产品的意愿，从而达成最终的交易。因此，对于化妆品或者类似产品来说，强调"重返青春"是异常重要的。

6. 不同性格类型的偏好与达成交易

"重返青春"和"性价比"对于满足客户需求和促成交易的达成都很重要，其中对于客户需求的分析能够帮助你找到客户心中的"重返青春"。但前提是要基于对自身性格类型偏好的洞悉和了解。

D 型的人的喋喋不休，不仅会导致 I 型的人的反感，甚至有时候也会让 D 型的人难以忍受，因为你喋喋不休的内容不是他想要听的。D 型的人应注意：即使再想说话，也要给客户表达的机会。客户讲话时，务必学会认真倾听话语本身，更要探究语言背后隐藏的真正含义。在高谈阔论自己观点前，务必和客户确认一下是否准确地理解了客户的意思。

乐于并善于聆听，对 D 型的人来说至关重要。就算你遇到 D 型的客户，如果他们需要时间想一想的话，你也不要打扰他们。如果客户说："我只是随便看看，如果有进一步的需要，我会问你的。"这个时候，你就应该与客户保持适当的距离，如果发现客户有进一步了解的愿望再几步走上前去。通常 D 型的人总是喜欢跟在客户后面，不断地提供着自己认为重要的信息，他们认为只有这样才能够给客户提供帮助，而往往忽略了这种帮助会使客户心生戒备。

对于 I 型的人，你的内敛和不喜言谈会让客户觉得备受冷落，所以在一开始你需要让客户感受到你对他的尊重和关心，而这些可以通过适当的交流展现出来。这种适当的交流虽然可能仅仅是只言片语的问候，但却能让客户感受到你的乐于助人。如果碰到了上面提到的那位"随便转转的客户"，其实他内心深处也是希望你关心他的，而且一旦他需要你的帮助，你就要立即出现在他的面前。

比如商场要求销售人员在客户一进门时进行温暖问候并露出适当的笑脸，但大多数 I 型的人会认为，客户进到商场就是因为他们已经知道自己要买什么了，既然知道就会自行挑选，挑选以后，只要帮助他结账就可以了，不用做多余的事。但作为销售人员在适当的时候表示出关心、关注，及时、必要地提供帮助，会大大有助于销售额的提升。

对于 R 型的人来说，你总是希望能够利用你严谨的逻辑来证明这个产品的质量是完美无缺的，你总是证明你已经完全了解了客户购买产品的动因，因为你对自身的推理判断深信不疑，但你却忽略了一点：客户购买产品时并非都像你一样经过了认真的逻辑思考，而且你所理解的客户需求也未必就是客户内心深处想要的，而这时如果你总是坚信自己的逻辑，不断向客户证明其无比正确，难免会和客户产生冲突。

在销售过程中，我建议 R 型的人可以问一些开放性的问题，比如："您以前用过类似的产品吗？""关于这个产品的功能您还需要了解哪方面的信息？""您在这个方面还有其他需求吗？"通过这些问题，你才能清晰了解客户的真正需求，然后再利用你专业的产品知识和严谨的分析判断为客户推荐合适的产品，成功率就会大大提高。

对于 E 型的人，你的关心和关注会给客户带来阳光般的温暖感受，你总是希望在达成交易的同时，让客户乘兴而来，满意而归。比如，客户特别喜欢一件衣服，但你认为其实并不适合她。你认为另一件衣服适合，而她却认为价格太贵而不会购买。在上述情况下，你如果为了所谓的两全其美而放弃一些做生意的原则，就未必是个明智的选择了。

无论什么时候，你都要明白你的关心和关爱有时会和商业利益发生冲突，你最主要的任务还是要达成销售指标，而不只是到处播散你的爱心。在商业环境下，一时冲动的热心肠往往会导致商业风险，破坏商业规律。有些问题是热心能够解决的，而有些问题是多大的热心也无法解决的，乐于助人是好事，但凡事都要有个分寸才好。

正确的销售流程和工具图

一个正确、有效的销售流程和工具可以帮助你更加顺畅地完成销售工作，无论你是何种性格类型偏好的人，你要成为一个销售明星，就很有必要仔细学习并运用如下销售流程及流程图工具。

1. 有效的销售流程

销售流程如图 4-5 所示。

```
┌─────────────────────────┐◄╌╌╌╌╌╌╌╌╌╌╌┐
│    访前计划 / 准备       │            ╎
└──────────┬──────────────┘            ╎
           │                           ╎
┌──────────▼──────────────┐            ╎
│       开场白            │            ╎
└──────────┬──────────────┘            ╎
┌──────────▼──────────────────────────┐╎
│            优秀的销售                │╎
├─────────────────┬────────────────────┤╎
│  研究客户需求    │ 处理客户的负反馈，正向回应 │╎
├─────────────────┼────────────────────┤╎
│  ┌───────────┐  │  · 不关心           │╎
│  │ 探询/聆听 │  │  · 怀疑             │╎
│  └───────────┘  │  · 误解             │╎
│   客户需求       │  · 拒绝             │╎
│  ┌───────────┐  │  · 产品缺陷          │╎
│  │ 陈述利益  │  │                     │╎
│  └───────────┘  │                     │╎
└─────────────────┴────────────────────┘╎
           │                           ╎
┌──────────▼──────────────┐            ╎
│       获取承诺          │            ╎
└──────────┬──────────────┘            ╎
┌──────────▼──────────────┐            ╎
│   跟进 / 访后回顾分析    │╌╌╌╌╌╌╌╌╌╌╌┘
└─────────────────────────┘
```

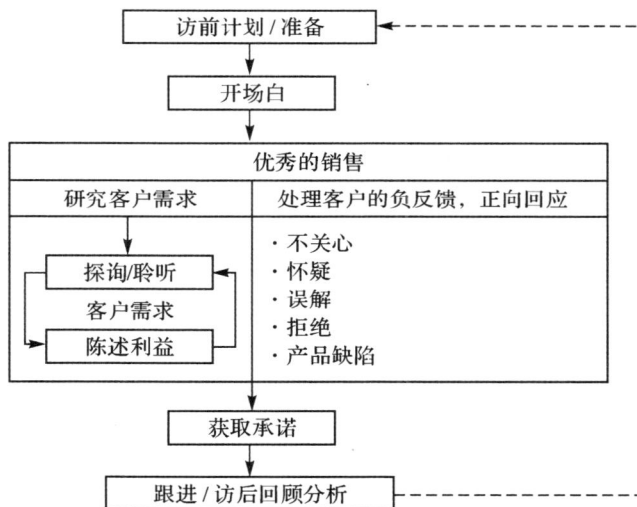

图 4-5 拜访式销售流程

（1）拜访前准备

目的：设定战略方针并汇总资源。

策略：检查笔记、设定目标、计划推销步骤，并准备材料、检查自身的仪表及状态。

（2）开始拜访

目的：让客户有抽出时间见你的充分理由，由此拉开拜访的序幕。

策略：约定客户、联系以前的拜访经历、设定谈话方向及说话语气。

（3）试探动机

目的：促使客户透露目前正使用的产品。

策略：初步探询（选择一个话题、提出一个开放式的问题、听客户讲动机），进一步探询和聆听。

（4）介绍产品的特征和利益

目的：让客户有理由考虑使用你的产品。

策略：陈述产品特征、解释由特征带来的利益、采用视觉辅助材料、使客户保持兴趣、检查产品的利益是否被认可。

（5）对提问及顾虑做出反应

目的：排除障碍，促使顾客接受产品。

策略：承认问题的存在、澄清确切的观点、客户的五种态度（提问、混淆/误解、察觉到缺点、怀疑、不利局面/拒绝）、验证做出的反应是否被接受。

（6）缔结拜访

目的：使客户答应购买并付诸行动。

策略：检查产品是否被接受、要求采取行动、提出下次的跟进拜访、确认购买量。

（7）跟进及建立关系

目的：巩固目前的进展，做好下次拜访的准备工作。

策略：详细记录拜访情况、评价所取得的进步及采用的方法、履行承诺、检查效果。

2. 选择正确的销售策略保持销售进程

销售并不是一个充满创意和天马行空的工作，它需要一个系统完整的策略加以指导（见图4-6）。好的策略对于销售结果的达成可以事半功倍。

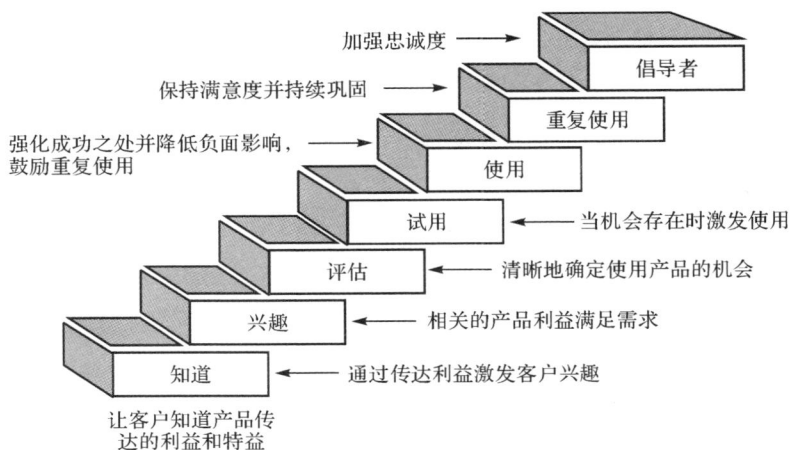

加强忠诚度 —→ 倡导者

保持满意度并持续巩固 —→ 重复使用

强化成功之处并降低负面影响，鼓励重复使用 使用

试用 ←— 当机会存在时激发使用

评估 ←— 清晰地确定使用产品的机会

兴趣 ←— 相关的产品利益满足需求

知道 ←— 通过传达利益激发客户兴趣

让客户知道产品传达的利益和特益

图4-6 选择正确的销售策略进程

3. 销售明星成功的 7 个原则

（1）创造拜访的连续性

★确认连续性的接触话题；

★制作拜访记录（访中和访后）；

★与客户建立并明确下一步目标；

★在访前计划中运用拜访记录建立拜访的连续性。

（2）关注与客户的关系

★致力于建立与客户之间的业务关系和个人关系，寻求与客户之间的合作基础；

★通过有效沟通了解客户的关心之处以及客户的观念；

★重视为客户提供长期的效益，并创造真正的价值。

（3）有目的地探询与倾听

★采取有效的探询策略，询问有意义的问题；

★深入了解客户使用产品的思路；

★通过反映式倾听揭示客户的需求。

（4）调整信息

★在了解客户的关心点和目标的基础上，给以积极回应；

★调整介绍的方式以适应客户；

★针对客户在"产品使用周期"中的位置进行销售；

★让信息、资料与客户关注的重点相匹配。

（5）针对性缔结

★针对特定的客户类型进行缔结；

★以呼吁／强化行动作为拜访的结束；

★有效强化信息，使之进入长期记忆。

（6）怀有成功的愿望

★采取各种有效方式接近客户；

★坚持不懈地推进销售；

★百折不挠，始终关注销售的目标。

（7）与同事相互合作

★运用所有可用的公司资源推动销售；

★直接与相关同事进行合作。

🍀 小结：销售要点

> 针对销售过程中的关键问题及注意事项，我们要再重点分析一下对不同性格类型的人应该如何加以特别关注（见图4-7）。

孔雀型（表达型）

一副热心肠加上主动而又富有感染力的介绍会让客户被你的热情所感染，从而产生购买行为；但在此过程中，给予客户自己思考和判断的时间和空间，并帮助他们理清真正的需求所在，才能达成满足客户的需求和完成销售指标的双赢局面。

老虎型（推动型）

能够迅速地发现客户需求并及时予以满足。但在此过程中如果让客户感到你的强势，甚至为了达成销售目标而不近人情，那么客户宁愿放弃购买行为，这样的双输局面是任何人都不愿看到的。

猫头鹰型（分析型）

认真的逻辑分析可以协助客户找到真正的购买需求，同时保持适当的距离，就可以让客户有足够安全的空间去发现自己的喜好，并满足他们的情感诉求，这样才会有回头客让你的销售业绩得以持续提升。

小浣熊型（友善型）

发自内心地关爱客户，默默地给予客户足够的购物空间和时间，可以使客户的基本和情感两方面的需求得以充分满足；但若将内心炙热的情感适当地外化到行为上并让客户深切地感受到，未尝不是一个好方法。适当地告诉客户产品的优劣势，可以帮助客户更好地选择。

感性

小浣熊型（友善型）	孔雀型（表达型）
突出产品、分析优劣	清晰需求、有的放矢
猫头鹰型（分析型）	老虎型（推动型）
重视情感、重视结果	适当温柔、重视过程

间接   直接

理性

图4-7 不同性格类型偏好的人与客户相处的要点

第5章

自我认知的深化和成长

众所周知，我们每个人在工作和生活的道路上都不会一帆风顺，但是，无论道路会有多曲折，只要我们坚持，就会在属于自己的道路上不断成长。这种成长除了知识和能力的成长，更是对自己性格的深刻认知和自省。让性格不再是成长路上的绊脚石，而是助力器。

01

"孔雀"——激情满满的鼓舞者

从此前的分析我们了解到，孔雀型的人的典型性格类型偏好是喜欢成为焦点，行动敏捷，精力充沛，擅长主动建立关系，推动他人达到目标（见图5-1）。他们容易情绪化，所以在很多时候不会被认为是最佳的管理者。但我们却发现不少管理岗位上的孔雀型的人也能够做得非常成功，而且在他们的团队里，我们能够感受到一股激情和朝气，虽然有时会被人们认为是阿Q精神，甚至有时会被认为有些神经大条和无厘头，但这股乐观向上的精神却是团队的独特气质。

孔雀型的人喜欢尝试新鲜的事物，具有强烈的创新意识，在人际关系至上的社会里，他们可以在完成日常工作的同时，与周围的人建立良好的工作和生活关系。同时，他们更倾向于把自身的热情

图 5-1　表达型的人

融入工作，同时把这份热情传给周围的每一个人，让大家都热情地投入工作。在工作中，他们不拘泥于方式方法，更擅长让工作变得有趣，然后利用自己的说服力和创新精神来不断地鼓励他人，从而使事情获得更大的成功。

　　但有的时候也正是因为孔雀型的人十分擅长运用灵活创新的思维而且倾向于在同一时间段内完成几项不同的工作，所以他们有时会忽视事前认真细致的准备工作，导致出现意料之外的结果。这时孔雀型的人往往会情绪低落地自责"如果我事先能够有更加充分的准备，那该多好"，或者"如果你们及时提醒我做好工作计划，我想我们会把事情做得更棒"。

　　在工作中，孔雀型的人最擅长的就是与人交往。通常，他们总能敏感及时地发现周围人的需求并适时给出反馈或热心的帮助，他们乐于采取不同的方法帮助他人的紧张不安情绪得到释放。

　　在工作中，孔雀型的人还具有与生俱来的创新精神。对他们而言，能够在同一时间开始不同的项目并且用不同的方法来完成工作，才是令他们全情投入的核心所在。他们不愿墨守成规，他们并不总想着标新立异，只是对一成不变不敢苟同。因此，他们常常质疑并挑战那些已经是众所周知的常规和标准，并不断提出新的方法来应对那些也许是老生常谈的问题。甚至，他们对于创新想法的关注超过了完成工作本身给他们带来的乐趣和成就感。

　　在工作中，孔雀型的人还具备一项优秀的能力就是善于授权和推动他人工作。与喜欢控制的老虎型和猫头鹰型的人不同，孔雀型的人更擅长激励他人自由和独立地工作。通过鼓励和说服，他们能够比较轻松地完成管理目标，同时还会让被授权人感到自身的重要性和价值所在。但在工作的某些方面，孔雀型的人也应该适当提升控制能力，这样才会使他们的管理工作更加顺畅。他们常常因为他人的成长和业绩感到兴奋和富有激情，这一点是一个管理者应该具备的珍贵能力，他们更喜欢鼓励而不是控制，这正是他们管理风格的核心所在。

　　对于孔雀型的人来说，压力往往来自工作和生活中那些琐碎的事情，尤其是当这些事情毫无趣味的时候。当那些循规蹈矩的公事缠绕在他们每天的工作和生活中时，他们会变得郁郁寡欢，甚至有

些执拗，其行为与平时的活泼开朗有天壤之别。每天重复地填写
Excel 表格，每天面对同样的客户需求，每天面对同样的工作总结，
都会让他们倍感压力。在这种压力情况下，他们的情绪可能会跌到
谷底，还会迅速感染到周围的人。

如果上述情况持续存在，那么我们应该帮助孔雀型的人一起分
析一下该种工作状态存在的原因。我们应该帮助"孔雀型"的人了
解，不拘一格的工作方式固然能够激发灵感，但适当的工作计划和
流程是可以帮助他们更好地完成任务的，而且世界上大多数工作都
是相对简单和重复的。我们要善于在这循环往复中主动发现乐趣和
新意，比如在严谨的计划中通过和伙伴的协作与互动来找到乐趣，
这会让他们有效缓解被包裹的压力。

一个融洽、愉悦的工作环境对于孔雀型的人来说异常重要，否
则他们的工作质量就会因为不悦的环境而大打折扣。孔雀型的人不
擅长时间管理和流程管理，或者更准确地说，他们不愿在上述方面
花费脑力和时间。这个行为偏好往往给周围的人带来困惑和苦恼，
大家总是摸不透孔雀型的人到底何时能够把工作完成。同时，"孔
雀型"的人总是有层出不穷的新点子，这会让下属常常感到朝令夕
改、难以把握事情走向，尤其是对于猫头鹰型的人和老虎型的人而
言，更是苦不堪言。

综上我们可以看出，孔雀型的人善谈，喜欢成为焦点，擅长主
动和他人建立关系，愿意推动他人达至目标，因此孔雀型的人最适
合做销售类、市场类的工作。在这类岗位上，孔雀型的员工能够充

分发挥特长，主动与客户接触，利用自身的影响力说服客户接受公司及产品；同时他们在与客户由陌生到逐渐熟悉，再到相互了解和信任，最终与客户达成双赢、建立长期战略伙伴关系的过程中，自身价值得到了最大体现。

另外，孔雀型的人在与客户接触之前，要注意提高自身的分析能力，通过分析市场整体态势、竞争公司及产品优劣势情况对比等，最终成长为销售管理人才。

最后，孔雀型的员工最怕碰到猫头鹰型的老板或客户。此时要注意适当控制自己的感情，既不要因为受到表扬而感到骄傲，也不要因为受到挫折或批评而感到沮丧万分。在向老板或客户提建议前应事先分析、对比，注意数据的适当应用，然后有条不紊地向老板或客户汇报，这样才能逐渐取得他们的信任和支持。孔雀型的人的工作特质如表5-1所示。

表5-1 孔雀型人的工作特质

优点	擅长人际平衡、社交能力高，令别人富有激情地完成他布置的任务 擅长奖励和激励他人 擅长赞赏和表扬他人 擅长启发他人
强项和挑战	强项： 擅长制造团队的兴奋点和投入感 擅长加强他人的信念 乐于分享对抱负的构想 挑战： 不善于分析所有情况 不善于进行审慎的分析、研究各项细节 过于随意地表现自己的个人感情
提高途径	注意控制时间和感情 注意发展更加客观的思维习惯 需要花更多的时间来检查、确认、区别和组织 需要遵守一定的协议办事情 应采用更加具有逻辑性的方法 不断尝试有始有终并有效控制事情的发展过程

02
"老虎"——高瞻强势的领导者

从此前的分析我们可以看出，老虎型的人以任务为本、结果导向，简单直接、一针见血，守纪律、喜欢控制自己及别人（见图5-3）。这些特质与其他三种性格类型偏好的特质相比较，是相对完美的性格类型。他们工作效率超高，对工作有着强烈的责任感，这些优点都可以帮助他们完美地达成目标。

老虎型的人擅长外交，待人直接坦诚，在客观冷静分析问题的同时，注重实效并能够及时做出判断和决定，同时会以这种标准要求下属，促使他们成长。

上述这些特征让老虎型的人能够在遇到困难的情况下，正视环境带来的挑战并积极地寻找解决问题的方法。他们擅长处理各类复杂事务，使各项工作按照秩序、流程和规则进行。除此之外，老虎

图 5-2　推动型的人

型的人还不会局限于内部的事务而忽视整体外界宏观环境的变化，会运用对客观环境的分析能力来预估未来事情发展的趋势，同时做出预防的策略。

　　既然老虎型的人如此完美，那么他们会不会像其他三种性格类型一样遇到麻烦呢？答案是肯定的。由于老虎型的人处事比较直接犀利，如果他人提出了反对意见，他们会马上给予有力还击，而且往往火药味十足。因为对于老虎型的人来说，他们的权威是不容置疑和侵犯的，他们认为，如果周围的人足够聪明的话，那么最正确的做法就是对他们大加赞赏并不打折扣地去执行。

　　坦率地讲，老虎型的人是适合做公司的高级管理人员的。要说有缺陷，那就是由于他们的直白和理性思考，可能让一部分人因为害怕而远离他们，从而使他们的对手趁势得利。因此老虎型的人应该及时意识到并反思这一点，在充分展示自己才华的同时，对那些并不认可他们的人也能保持适当的耐心和尊重，至少在表面上不要发生过于激烈的冲突。老虎型的人往往在他们所处的专业领域内具有较高的造诣，这也是他们能够征服别人并取得他人尊重的重要因素之一。

另一方面，老虎型的人在面临突发事件时会因事情脱离自己的掌控而显得有些仓促和不那么得心应手。当其他人表现出不专业或者拖拉的时候，他们会表现出极度的愤怒和无法容忍，这些特质并不会给他们的管理加分，有时还会由此招来他人的反感和批评。但这种情况的发生并不意味着老虎型的人就心存恶意，他们只是认为自己在履行应有的使命而已。

正是上述原因，老虎型的人不善于听取别人的意见，哪怕是有建设性的意见。尤其是下属提出的意见，更会让他们不屑一顾。在他们眼里，下属就像自己的孩子，一个小孩子怎么有资格给大人提意见呢？

老虎型的人天生强势的管理风格，也会使自己面临巨大的压力。自己就像个工作狂，时刻都保持在工作的竞争状态下，也许真的会"春蚕到死丝方尽，蜡炬成灰泪始干"。

综上我们可以看出，老虎型的人是天生的领导者。他们能够利用自身的特点，有效建立目标并传达给下属，不畏挑战和困难，推动事情发展并完成目标。

另外，老虎型的人在带领团队达成目标的过程中，应注意不要过于强势，可适当听取下属建议，通过讨论、分析和评估来确保方案的周全性，同时尝试让团队成员承担更多的责任，提高他们处理问题的综合能力，增强团队的归属感。

最后，老虎型的员工会给小浣熊型的老板和客户带来很大的压力。对待老虎型的下属要充分利用他们的主观能动性，为他们创造展现才华的空间，同时要注意适当控制他们做事的进程，避免由于过分激进而增加风险。另外，老虎型的老板要对下属有耐心和表现出关心。

总之，老虎型的人要不断完善自己不擅长的方面，学会适当放松和宽容。需要知道，这个世界上至少有 70% 的人是和自己不一样的，不能一味地要求所有人都按照自己的标准去工作和生活。无论是工作还是生活，享受过程和得到结果同样重要；即使最终没有结果，在过程中的付出也会让我们的生命同样精彩。"老虎型"的人的工作特质如表 5-3 所示。

表5-2　老虎型人的工作特质

优点	具有明确的方向和目标 擅长控制周围的事和人 勇于与他人竞争 具备坚毅的性格 具备极高的说服力
强项和挑战	强项： 擅长清楚表达期望 擅长根据现有的选择提供解决方案 擅长有效率地做出成果 挑战： 对其他人缺乏耐心和关心 不擅长透彻地分析
提高途径	勇于实践、"积极"倾听 应通过放慢脚步，提高耐心和同情心 注重描述得出结论的原因 注重认同团队的整体作用 主动称赞别人

03
"猫头鹰"——头脑冷静的执行者

从此前的分析我们可以看出，猫头鹰型的人凡事讲求真凭实据，往往要探询、搜集信息，澄清不实信息，并反复评价和测试（见图5-2）。这些特质让大家认为他们可依靠、负责任，同时这些也都是一个管理人员应具备的素质。驱动他们这些行为特征的心理因素就是责任、准确和标准，这些特质运用到工作中是非常符合工作环境的。

猫头鹰型的人善于处理具体的事务，在处理时始终保持客观冷静的态度，遵循秩序和流程，但他们表面上给人的感觉有些孤傲，甚至是冷漠。他们不善于社交，却给人坦诚的印象。有时对于外界的突然变化，应变能力会稍显慢一点儿，但只要他们一旦认识到这种变化带来的实际结果，就会马上投入状态并尽快落实，因此对于

图 5-3　分析型的人

新的想法他们最初往往是抗拒者或是抵御者，但后来则会成为最坚强的拥趸。

猫头鹰型的人具备精准行动的能力，他们善于将工作坚持到底并得到他们预期的结果。这都源于他们注重细节和务实的工作作风，对他们来说工作就是生活方式的一种，生活也要当成工作来管理。因此，猫头鹰型的人总是把工作排在第一位，然后才是家庭或者个人的生活。只有在工作安排妥当以后，他们才乐于享受生活，而且他们往往会把工作带回家，这就是他们想要的生活方式。

猫头鹰型的人通常不会将感情对外流露，他们冷静、内敛，不善于表达。此种特质在某些情况下能发挥非常重要的作用，尤其是在压力大的情况下，比如手术室、灾难现场等。

猫头鹰型的人善于制作流程以保证工作的顺利进行。在绝大多数工作场合内，他们都制定了严谨的流程，并且要求自己及相关人员严格地执行。当猫头鹰型的人做员工时，他们是遵守流程和秩序的好员工；当他们成为领导时，他们是建立流程和秩序的严厉主管，他们要求下属严格执行既定的流程。如果出现下属不执行或者执行不力的情况，他们会非常严厉地批评。他们对于这种遵从理性的工作方式非常认同，而且他们还固执地认为这就是最佳的工作方式。

但猫头鹰型的人有时候也会在遵守规则的事情上过于理性和严格，甚至会忘了这是由人组成的社会，人在很多时候是感性的动物。他们有时为了完成工作，会完全忽视他人的感受和顾虑，以及他人是否有动力去做这项工作。由猫头鹰型的人掌控的工作环境，更多的是充满了任务、压力，甚至是冲突。

猫头鹰型的人给他人带来的压力，往往也会作用在自己身上，而且这种压力最先伤害的就是自己。对工作质量的严格要求，使他们往往对其他人做的事都不放心或者认为达不到他们所要的标准，因此相对于授权或者指导别人来做，他们更愿意亲力亲为，直至把这件事做到他们认为的完美程度。

猫头鹰型的人由于内敛而对信息泄露更加敏感，从而在对外沟通方面有一定欠缺。在工作场合，大家会由于猫头鹰型人的相对封闭而与他们产生隔阂，甚至是沟通上的障碍。猫头鹰型的人在认可他人的观点时不会及时表示赞同和表扬，因为他们认为对于应该做对的事情没有任何表扬的必要。这种情况如果持续在一个组织里存在，则会让他人感到工作无趣、成就感缺失，最终导致士气低落而影响组织整体的绩效。同时，就算他们反对他人观点，他们也不会直接用言语表达，只会在表情上写满了反感和否定。对于他人来说，这种冷暴力，反倒不如直接否认和反对来得痛快。在上述情况下，猫头鹰型的人给他人的印象是异常挑剔。

猫头鹰型的人最容易忽视的就是整体宏观形势和人情，因为这是不能被明确规定下来的。他们往往更注重可以用流程和纪律加以规定和约束的细节而忽略大的方向，更注重事情本身而忽略做事的人，这样便导致了他们对于宏观的把握有所缺失，忽视了做正确的事要比正确地做事更重要，做事过程中也少了一些人情味。感情色彩是人类社会生活重要的组成部分，但猫头鹰型的人却对这些毫不在意，他们会在日常生活和工作中尽量避免甚至拒绝那些需要感情存在的场景，比如热情洋溢的问候、辛苦工作后的开怀畅饮和放声歌唱。更为严重的是，当别人遇到挫折或心情低落的时候，猫头鹰型的人会认为他们是无病呻吟，甚至大讲特讲道理和逻辑，缺乏同理心。

在外部的市场环境下，猫头鹰型的人同样会事事以理为准，他们会认为客户购买产品完全是因为其本身的需要以及产品的质量过硬，他们忽视甚至否认客户对于产品所需要的感性因素和情感上的依赖。

综上我们可以看出，猫头鹰型的人善于通过评价和测试来做最终决定，这样可以最大限度地降低风险。同时他们在不断地认证和分析以及最终利用这些资料说服他人达成一致、取得成功的过程中，自身价值得以最大体现。

需要注意的是，他们在评估及分析过程中应注意对时间的有效把握，不要过分追求完美，从而加大时间成本和机会成本。还要不断提高自身的沟通及呈现能力（演讲）技巧，勇于接受别人不同的意见和想法，这样才能使他人更容易接受自己的想法和建议。

最后，猫头鹰型的员工最怕碰到孔雀型的老板和客户。要注意适当简化自己的书面汇报文件，先汇报结果再分析事实，内容应重点突出、简单清晰；不要因为老板认为你表达烦琐、分析啰唆而感到气馁，适当调整沟通方式，才能保证工作的顺利进行。

总之，猫头鹰型的人所具备的逻辑思维以及完成任务的决心，可以让他们成为很优秀的管理人员，尤其是在他们擅长的工作领域就更加如鱼得水了。若能适当地展现你的才华，关注感性因素，就会更加完美。猫头鹰型的人的工作特质如表 5-2 所示。

表5-3 猫头鹰型人的工作特质

优点	擅长进行翔实的数据调查 擅长关注细节 具备严密的思维逻辑 擅长提供丰富的例证
强项和挑战	强项： 擅长衡量事物发展的所有可能性 擅长提供贯彻一致、条理分明的数据 擅长做出实在的商业决策 挑战： 做事保守，惧怕冒险 不擅长通过不同步骤寻找途径 不擅长在适当时候凭直觉做决定
提高途径	勇于尝试公开地表示对他人的关心和欣赏 偶尔尝试一些捷径和节省时间精力的途径 随时准备做出调整、及时做出决策 勇于尝试新的项目 学会和提反对意见的人妥协 勇于表达不受欢迎的决定 灵活掌握并运用政策，避免教条主义

04
"小浣熊"——值得信赖的合作者

从之前的分析我们可以看出，小浣熊型的人能给予他人支持，是良好的聆听者，有耐心，乐于为他人着想，善于排忧解难，极能缓和气氛（见图5-4）。只要是为他人提供支持和服务的工作，无论是领导、同事或是下属，小浣熊型的人都是能够做到尽善尽美，温暖人心。反之，如果工作不能激发他们的兴趣，或者遇到较大的人际冲突，则会使他们心情沮丧、无精打采、内心抵触，从而使工作效率和质量一塌糊涂。

小浣熊型的人最喜欢做那些符合自己做事风格和内心价值观的事情。若碰到了自己不喜欢的事情，但只要他们发现可以为他人提供支持和帮助，也会投入资源和感情去完成它。

小浣熊型的人做事内敛传统，但他们热心亲切，所以与他们相

图 5-4　友善型的人

处是件非常愉快的事情。但如果他们遇到与自己价值观相违背的事情，即使保持沉默，也会在行动上表达无言的反对。

小浣熊型的人作为员工的时候，最激励他们的就是安全和秩序，以及符合他们内心价值观的工作内容和其背后的意义。他们会默默地做好自己分内的工作，同时给予他人力所能及的支持和帮助。

从统计的角度来看，小浣熊型的人往往极少能够做到企业的最高领导层。但作为一般领导者，小浣熊型的人可以让下属忠心耿耿，因为他们善于关心下属并给予及时的认可和表扬，虽然这种认可不一定是那种高调称赞，但却是发自内心的尊敬和赞许。作为小浣熊型人的下属，你可以尽量发挥自己的特长，一般都能得到即时的肯定。当你遇到困难或者心烦意乱时，他会用心地倾听和耐心地劝导。

作为下属，你只要认真工作、努力付出并且没有违背小浣熊型人的内心价值观，就算你没有取得预期的工作成果，他们也会给予你适当的鼓励和认可。因为他们乐于并善于理解别人、尊重别人，这种风格会创造出良好和谐的工作环境，避免不必要的冲突。

小浣熊型的人对于外界强烈的反对意见会感到巨大的压力，内心极度紧张和不舒服，但由于他们间接的性格特点，他们不会将这种不满情感外露，表面上大家仍会感到他们的容忍。小浣熊型的人虽然乐于助人，但在为他人提供帮助的时候，又会显得矛盾重重：他们间接的性格特点让他们不愿意且不善于直接提醒他人应该注意什么或者应该如何改善，他们感性的特性又让自己显得瞻前顾后，从而导致他人无法正确理解自己要表达的意思。如果使用上述方式没有为他人带来直接的帮助，小浣熊型的人会更加纠结，于是就有可能发生双方都感到不愉快的场面。

工作环境的突然变化会严重影响小浣熊型人的工作情绪和思路，假如企业整体环境显得比较消极，他们会变得如坐针毡、不知所措，并且极易出现逃避现实的倾向，甚至有些时候，显现出抑郁的状态。如果不能及时抑制这种现象，则会导致比较严重的身体和精神的病态特征。

小浣熊型的人乐于在安静的环境下默默完成自己的工作并保持高水准的质量，为了这个目标他们会坚持不懈地努力和付出。在与他人协作或交往的过程中，如果他们发现自己能够为周围的人提供有价值的帮助，就会义无反顾地去做。在满足自己内心价值喜好及帮助他人的环境下，小浣熊型的人可以不断提升自己在公司中的职位，但随着职位越来越高，他们可能会发现这并不是他们想要的。因为职位越高，就越会让自己陷入无休止地与人沟通、交流、讨论甚至争吵的氛围中。而且在这种情况下，最让小浣熊型的人感到迷茫和困惑的是，他们每天做的这些事情与他们的内心价值观渐行渐远，而且他们也并不知道这么做能否给他人带来帮助。尤其是当他们发现这种做法甚至会给他人的工作带来阻挠和增加困难的时候，他们就更加后悔自己的选择了，恨不能再次回到从前的状态中。

综上所述，我们可以看出小浣熊型的人富有同情心、乐于助人，善于从他人的角度去考虑问题、愿意为他人着想，因此在工作岗位上大多能够表现出较高的工作效率及愉悦的工作心情。他们在与同事及客户沟通或协作时，往往能够在第一时间取得信任，并与他人建立稳定、长期、良好的合作关系；同时小浣熊型的员工也能够在给他人提供支持和帮助时，使自身价值得到最大体现。因此众多跨国公司，尤其是快速消费品公司，在挑选客服人员或呼叫中心座席人员时愿意选用小浣熊型的员工。

另外，他们亦须注意提高自身的决策力和判断力，推动事情向前发展并取得预期结果，也要逐步学会授权。另外，不要对他人过于敏感，要学会对不恰当的要求说"不"。

最后，小浣熊型的人最怕遇到老虎型的老板和客户。在与其工作时，他们往往在工作进展乏力时，被老板或客户认为过于软弱。在受到批评后，他们的挫折感骤增，对工作的信心也下降。因此应当注意与老板和客户保持正常、平等的沟通，不要惧怕工作压力，遇到问题要保持冷静，仔细分析，找出可行的方案，清醒地认识到哪些工作要靠自身的努力去推动，哪些工作需要从老板那里取得支持，从而保证工作顺利进行。

总之，小浣熊型的人要在遵守内心价值观的同时，更好地学会表达自己的情感，并学会适当地进行分析判断以加快决策的速度，只有这样才能让自己持续进步。"小浣熊型"的人的工作特质如表5-4所示。

表5-4　小浣熊型人的工作特质

优点	乐于为团队服务 做事做人低调谨慎 乐于谅解别人 具有灵活的处事态度和方法
强项和挑战	强项： 对组员忠心、全情投入 乐于给团队和同事提供全力支持 擅长鼓励合作并富有团队精神 挑战： 不善于采取主动 不擅长坚定和果断地处理事情
提高途径	尝试偶尔要能对人说"不" 避免对他人的行为过于敏感 勇于突破舒适的现状，敢于冒险 勇于在过程或常规中接受必要的改变 尝试授权和委任别人来做事情 勇于向合适的对象描述自己的感情和想法

如何保持个人的鲜活动力

在过去的 10 年当中，我国在各方面都发生了日新月异的变化。企业管理方式也随之发生了种种变化，当代人的职场压力也变得更大了。外界的变化我们很难改变，我们能做的就是让自己不断成长去适应这些变化。只有不断激发自身的鲜活动力，才能不断成长、不断完善！

每个企业和个人在成长过程中都会经历若干阶段，每个阶段的突破和上升都是一个升华的过程，在此过程中知识、能力和人格也都有不同的成长。

1．知识的成长

任何人的知识均经历了从无到有、从少到多、从浅到深的过程，这个过程会经历四个阶段。

不知道、不知道：当一个人还没有任何知识储备的时候，他根本不知道自己一无所知。就像一个小朋友看到别人在骑车，于是他也想骑，但他根本不知道自己不会骑车。

知道、不知道：随着成长，一个人开始慢慢意识到自己的无知，这种意识来自学然后知不足，或者来自实践的挫败。这个小朋友第一次骑上车，然后摔了下来，因此他知道了自己不会骑车。

知道、知道：随着个人的历练越来越丰富，一个人通过学习和实践的积累，学到了知识，掌握了学问。这个小朋友通过向家长请教及自己的练习学会了骑车。

不知道、知道：随着对知识掌握程度的不断加深，一个人在需要运用知识之时，就能自如地运用。当小朋友的骑车技术越来越熟练的时候，需要外出则蹬上就走，不需要做任何准备和练习，因为这个知识已经融入了自身的血液。

2．能力的成长

在知识历经从无到有的过程中，我们要想将这些内心知识的积累外化到语言和行为的有效应用，需要依托于能力的成长。能力的成长同样要经历四个阶段。

浅入深出：当一个人仅仅具备浅显的知识时，如果能力上不成熟就会造成即使是一些简单的知识也表达得含糊不清，让人无法理解。

浅入浅出：如果一个人具备了浅显的知识，还具备了一定的分析和表达能力，就可以将这些简单的知识通俗易懂地表达出来，让人理解接受。

深入深出：如果一个人具备了深厚的知识，但如果能力与知识尚不匹配，则无法将知识简单地表达出来，而只能自己理解。

深入浅出：当一个人具备了深厚的知识时，如果能力同样匹配，则可以将最复杂的知识以最简单的方式表达出来，并让他人接受，这就是所谓的"大道至简"吧。

3．人格的成长

每个人的知识和能力的成长都要依托人格（心灵）的不断成熟。人格成长同样要经历四个阶段。

熟能生巧：一个人通过和外部客观世界的逐渐接触，开始慢慢形成自己主观的内心世界，开始通过自省去面对客观世界的诸多现象和刺激。

举一反三：通过不断自省，人们找出客观世界发展的规律，让自己高效率地正确面对客观世界。

融会贯通：随着人格的不断成熟，个体形成了自己与众不同的人格特征，并且可以很好地利用这些特征去逐步改变周围的客观环境。

无师自通：当人格完全独立并饱经历练之后，人们便可更加自如地应对外面的世界了。

总之，我写作本书的最终目的就在于，希望通过本书帮助读者们更好地达成在知识、能力和人格上的不断成熟，当然这还要靠各位自己去不断地修炼。这种修炼必定要在真实的生活和工作中，而不是在与世隔绝的太空里，这就是所谓的"入世"和"出世"的道理。一个人的成长是需要在一个真实的生活和工作环境中进行的，同时又不能完全拘困在环境中而没有任何的思考。

最后送大家一句话，与大家共勉——"苔花如米小，也学牡丹开"！

性格四分法测试

　　请回答以下 A，B 两套题。如果左边的描述更接近你的实际情况，请给自己 5 分以下；如果接近右边的描述，请给自己 6 分以上。请如实回答，以保证你对自己有更加准确的认识。答完每套题后，将分数相加，则可得出该套题的总分。算出分数后请按后面的要求继续操作。

性格测试问卷

A套题总分：

No.	A类陈述	得分	B类陈述
1	面对风险、决定或变化，反应迟缓谨慎	1 2 3 4 5 6 7 8 9 10	面对风险、决定或变化，反应迅速从容
2	与大伙一起讨论时不常主动发言	1 2 3 4 5 6 7 8 9 10	与大伙一起讨论时经常主动发言
3	强调要点时不常使用手势及不变化音调	1 2 3 4 5 6 7 8 9 10	强调要点时经常使用手势及变化音调
4	表达时经常使用较委婉的说法，如"根据我的记录，你可能以为……"	1 2 3 4 5 6 7 8 9 10	表达时经常使用强调式的语言，如"就是如此""你应该知道……"
5	通过阐述细节内容强调要点	1 2 3 4 5 6 7 8 9 10	通过自信的语调和坚定的体态强调要点
6	提问用来检验理解、寻求支持或更多信息	1 2 3 4 5 6 7 8 9 10	提问用来增强语言气势、强调要点或提出异议
7	不爱发表意见	1 2 3 4 5 6 7 8 9 10	愿意发表意见
8	耐心，愿意与人合作	1 2 3 4 5 6 7 8 9 10	性急，喜欢竞争
9	与人交往讲究礼节，相互配合	1 2 3 4 5 6 7 8 9 10	喜欢挑战，能控制局面
10	如果没什么大不了的事或意见有分歧，很可能附和他人的观点	1 2 3 4 5 6 7 8 9 10	有意见分歧时，坚持自己的观点并要辩论出个结果
11	含蓄、节制	1 2 3 4 5 6 7 8 9 10	坚定、咄咄逼人
12	与人初次见面时目光间断性注视对方	1 2 3 4 5 6 7 8 9 10	与人初次见面时目光长久注视对方
13	握手时较轻	1 2 3 4 5 6 7 8 9 10	紧紧握手

B套题总分：		
No.	A类陈述	得分	B类陈述

No.	A类陈述	得分	B类陈述
1	戒备	1 2 3 4 5 6 7 8 9 10	坦率
2	感情不外露，只在需要别人知道时表露	1 2 3 4 5 6 7 8 9 10	无拘束地表露、分享情感
3	常常依据事实、证据做决定	1 2 3 4 5 6 7 8 9 10	常常根据感觉做决定
4	就事论事，不跑题	1 2 3 4 5 6 7 8 9 10	谈话时不爱专注于一个话题
5	讲究正规	1 2 3 4 5 6 7 8 9 10	轻松、热情
6	喜欢做事	1 2 3 4 5 6 7 8 9 10	喜欢交友
7	讲话或倾听时表情严肃	1 2 3 4 5 6 7 8 9 10	讲话或倾听时表情丰富
8	表达感受时不太给非语言的反馈	1 2 3 4 5 6 7 8 9 10	表达感受时愿意给非语言的反馈
9	喜欢听现实状况、亲身经历和事实	1 2 3 4 5 6 7 8 9 10	喜欢听梦想、远见和概括性信息
10	对人和事的应对方法比较单一	1 2 3 4 5 6 7 8 9 10	对别人占用自己的时间灵活应对
11	在工作或社交场合中需要时间去适应	1 2 3 4 5 6 7 8 9 10	在工作或社交场合中适应快
12	按计划行事	1 2 3 4 5 6 7 8 9 10	做事随意
13	避免身体接触	1 2 3 4 5 6 7 8 9 10	主动身体接触

结果解释

　　分别得出两套题的总分后，请在下图中确定你的位置。在横轴上标出与 A 套题的总分相对应的位置作为 A 点；在纵轴上标出与 B 套题的总分相对应的位置作为 B 点；画一条铅垂线经过 A 点，再画一条水平线经过 B 点。两条直线相交的位置，反映出你比较自然的性格倾向。

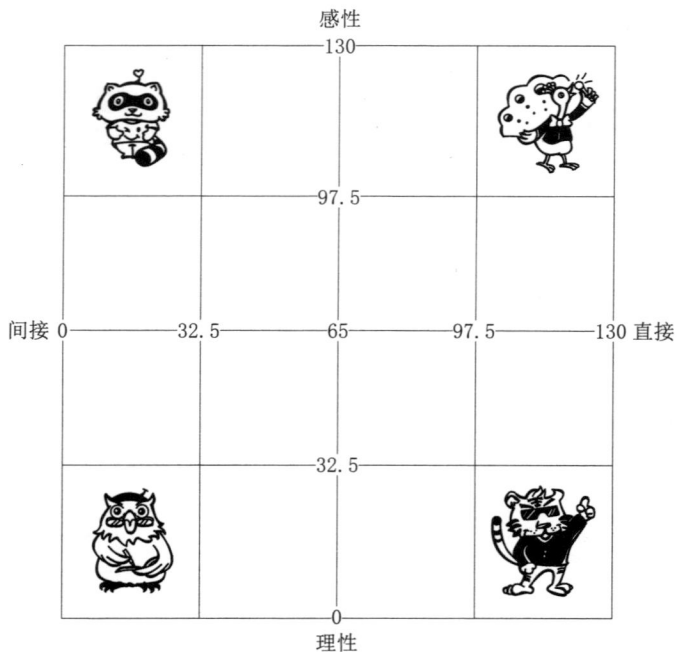

如果你是孔雀型的人，你现在能够把自己的性格类型偏好写在下面吗？

如果你是老虎型的人，你现在能够把自己的性格类型偏好写在下面吗？

如果你是猫头鹰型的人，你现在能够把自己的性格类型偏好写在下面吗？

如果你是小浣熊型的人，你现在能够把自己的性格类型偏好写在下面吗？